应用有机化学基础实验

主编 温俊峰 霍文兰 副主编 李 健 代宏哲

西安交通大学出版社
XI'AN JIAOTONG UNIVERSITY PRESS

国 家 一 级 出 版 社
全国百佳图书出版单位

图书在版编目(CIP)数据

应用有机化学基础实验/温俊峰,霍文兰主编. —
西安:西安交通大学出版社,2020.6
ISBN 978 - 7 - 5693 - 1741 - 1

Ⅰ. ①应 … Ⅱ. ①温…②霍… Ⅲ. ①有机化学—化
学实验 Ⅳ. ①O62 - 33

中国版本图书馆 CIP 数据核字(2020)第 087383 号

书 名	应用有机化学基础实验	
主 编	温俊峰 霍文兰	
副主编	李 健 代宏哲	
责任编辑	侯君英	

出版发行	西安交通大学出版社	
	(西安市兴庆南路 1 号 邮政编码 710048)	
网 址	http://www.xjtupress.com	
电 话	(029)82668357 82667874(发行中心)	
	(029)82668315(总编办)	
传 真	(029)82668280	
印 刷	西安五星印刷有限公司	

开 本	787mm×1092mm 1/16 **印张** 9 **字数** 250 千字	
版次印次	2020 年 6 月第 1 版 2020 年 6 月第 1 次印刷	
书 号	ISBN 978 - 7 - 5693 - 1741 - 1	
定 价	30.00 元	

订购热线:(029)82665248 (029)82665249
投稿热线:(029)82668525

前　言

　　本书是在《国家中长期教育改革和发展规划纲要(2010—2020)》指导下,根据教育部《普通高等学校本科专业类教学质量国家标准》而编写的。本教材可作为《应用有机化学基础》的配套用书,也可独立使用,供高等院校化学、化工、材料、农、林、牧、医、食品、环境、油气等专业学生使用,也可供相关科技工作者参考。

　　本书包括四个部分的内容。第一部分是有机化学实验的基本知识,主要包括有机化学实验中常用的仪器、实验室安全知识、危险化学品常识和绿色化学实验理念等内容,重点强化了实验安全操作原则。另外,还详细介绍了实验预习、实验记录和实验报告等的书写规范,旨在培养学生严肃认真、实事求是的科学态度与科研作风。第二部分是基本实验操作部分,主要选编了有机化学实验基本操作内容,这部分内容的特点是在突出基础性的前提下,紧跟有机化学学科发展的步伐,引入先进实验仪器与现代分析手段。如熔点的测定用显微熔点测定仪代替毛细管测定法,增加了紫外-可见分光光度法与红外光谱分析法分析、测定有机化合物的实验内容。第三部分是应用有机化学基础实验,针对不同专业需求,共选编了 20 个实验,实验内容以无毒化、绿色化、微量化为原则,涉及化学品分离、检测,有机物合成,天然产物提取等内容,突出应用性,与生产实际和日常生活密切相关,不同专业的学生,依据专业特色与专业需求可灵活选择实验内容。第四部分为附录,提供了各种数据和方法供查阅。

　　参加本书编写的有温俊峰、霍文兰、李健、代宏哲老师,本书的编写和出版得到了榆林学院各级管理部门和西安交通大学出版社的大力支持,在此表示感谢。该书参考了多种国内外教材,并引用了其中一些图、表、数据等,在此谨向这些教材的作者表示衷心的感谢! 限于编者的水平,书中的疏漏和不妥之处,敬请各位老师和读者批评指正。

编　者

2020 年 3 月 7 日

目 录

第一部分　有机化学实验的基本知识 ……………………………………………………

　1.1　有机化学实验室规则 ……………………………………………… 1

　1.2　有机化学实验室安全知识 ………………………………………… 1

　1.3　有机化学实验中常用的仪器 ……………………………………… 7

　1.4　实验预习、实验记录和实验报告 …………………………………… 14

第二部分　有机化学实验的基本操作 …………………………………… 20

　2.1　常用玻璃仪器的洗涤和保养 ……………………………………… 20

　2.2　加热与冷却 ………………………………………………………… 22

　2.3　化学药品的干燥 …………………………………………………… 25

　2.4　简单玻璃工操作 …………………………………………………… 27

　2.5　回流 ………………………………………………………………… 29

　2.6　振荡和搅拌 ………………………………………………………… 31

　2.7　有机化合物物理常数测定 ………………………………………… 32

　　实验一　沸点的测定(微量法) ……………………………………… 32

　　实验二　熔点的测定 ………………………………………………… 34

　　实验三　折光率的测定 ……………………………………………… 36

　　实验四　旋光度的测定 ……………………………………………… 40

　2.8　液体化合物的分离与提纯 ………………………………………… 45

　　实验五　简单蒸馏 …………………………………………………… 45

　　实验六　分馏 ………………………………………………………… 48

　　实验七　水蒸气蒸馏 ………………………………………………… 50

　　实验八　减压蒸馏 …………………………………………………… 53

　　实验九　液液萃取 …………………………………………………… 57

　2.9　固体化合物的分离与提纯 ………………………………………… 61

　　实验十　重结晶 ……………………………………………………… 61

　　实验十一　升华 ……………………………………………………… 65

　2.10　色谱分离技术 …………………………………………………… 67

　　实验十二　薄层色谱 ………………………………………………… 68

　　实验十三　柱色谱 …………………………………………………… 73

　2.11　有机化合物的结构表征 ………………………………………… 76

　　实验十四　紫外-可见吸收光谱测试 ……………………………… 77

　　实验十五　KBr 压片法测定苯甲酸的红外光谱 ………………… 78

第三部分　应用有机化学实验 ………………………………………… 82

3.1　油类物质的测定 ……………………………………………………… 82

　　实验十六　天然水中油类污染物的测定 …………………………… 82

　　实验十七　石油产品馏程的测定 …………………………………… 83

3.2　煤焦油成分的测定 …………………………………………………… 88

　　实验十八　煤焦油中甲苯不溶物的测定 …………………………… 88

　　实验十九　煤焦油中水分的测定 …………………………………… 89

3.3　有机化合物的制备 …………………………………………………… 90

　　实验二十　固体酒精的制备 ………………………………………… 90

　　实验二十一　防腐剂苯甲酸的制备 ………………………………… 92

　　实验二十二　香料乙酸正丁酯的制备 ……………………………… 94

　　实验二十三　阿司匹林的制备(半微量法) ……………………… 96

　　实验二十四　甲基橙的制备 ………………………………………… 99

　　实验二十五　聚乙烯醇缩甲醛外墙涂料的制备 …………………… 101

　　实验二十六　十二烷基苯磺酸钠表面活性剂的制备 ……………… 104

　　实验二十七　免水洗手膏的制备 …………………………………… 105

　　实验二十八　透明皂的制备 ………………………………………… 107

3.4　天然有机化合物的提取 ……………………………………………… 108

　　实验二十九　黄连素的提取(微量法) …………………………… 108

　　实验三十　八角茴香油的提取 ……………………………………… 111

　　实验三十一　槐米中芦丁的提取 …………………………………… 113

　　实验三十二　茶叶中咖啡因的提取 ………………………………… 114

　　实验三十三　果皮中果胶的提取及果冻的制备 …………………… 117

3.5　综合性实验 …………………………………………………………… 119

　　实验三十四　植物生长调节剂 2,4-二氯苯氧乙酸的合成 ……… 119

　　实验三十五　聚己内酰胺(尼龙-6)的合成 ……………………… 122

第四部分　附录 ……………………………………………………………… 126

附录 1　常用元素相对原子质量表 ………………………………………… 126

附录 2　常用有机溶剂物理系数表 ………………………………………… 127

附录 3　二元恒沸混合物的组成和共沸点表 ……………………………… 129

附录 4　常用酸、碱溶液的浓度与相对密度表 …………………………… 131

附录 5　常用的酸和碱的配制 ……………………………………………… 134

附录 6　常用有机试剂配制 ………………………………………………… 135

第一部分 有机化学实验的基本知识

1.1 有机化学实验室规则

为了保证有机化学实验的正常进行,培养学生良好的实验习惯和严谨的科学态度,我们必须要求学生遵守下列实验室规则。

(1)实验前必须认真预习有关实验的全部内容,明确实验目的、要求及实验的基本原理、步骤、有关的操作技术,熟悉实验所需的药品、仪器和装置,了解实验中的注意事项。写好实验预习报告,方可进行实验。没有达到预习要求者,不得进行实验。

(2)在实验过程中,应保持安静,不得大声喧哗,不得擅自离开实验室。不能穿拖鞋、背心等暴露皮肤过多的服装进入实验室,在实验室内不能吸烟和吃东西。

(3)进行实验前要清点仪器等,检查仪器、设备是否有破损或缺少,是否存在漏气、漏电等不安全因素,若有损坏,应立即报告实验教师,按规定手续到实验预备室换取新仪器。未经教师同意,不得拿用其他位置上的仪器。

(4)实验时应思想集中,认真操作,仔细观察实验现象,如实记录实验结果,积极思考问题。如发现异常,应立即中断实验,并报告教师。

(5)实验时应保持实验室和桌面清洁、整齐。废液等应倒入废液钵中,严禁倒入水槽内,以防止水槽和下水道管道堵塞或腐蚀。

(6)药品要按需取用,从药品瓶中取出的药品,不应倒回原瓶中,以免带入杂质;取用药品后,应立即盖上瓶塞,以免搞错瓶塞,污染药品,并随即将药品放回原处。

(7)实验时要求按正确方法操作,注意安全,节约用水、电、煤气及药品等。

(8)实验完毕后应将玻璃仪器洗涤洁净,放回原处。清洁并整理好桌面,打扫干净水槽和地面,最后洗净双手。

(9)实验结束后离开实验室前,必须检查电插头(或闸刀)是否断开,水龙头是否关闭等。实验室的一切物品(仪器、药品和实验产物等)不得带离实验室。

1.2 有机化学实验室安全知识

1.2.1 实验室安全守则

有机化学实验室与其他化学实验室相比是更危险、更易发生事故的地方,因为有机化学实验所用药品一般都是易燃、易爆、有毒或强腐蚀性的,使用不当就会引起着火、爆炸、烧伤、烫伤、冻伤或中毒等事故。另外,碎裂的玻璃器皿、煤气或电器设备使用不当也会引起事故,所以进入实验室的每个学生,都应遵守有关规章制度,要对安全常识有所了解。

（1）易燃或有毒的挥发性药品用后都应收集于指定的密闭容器中。

（2）灼热的器皿应放在石棉网或石棉板上，不可和冷物体接触，以免破裂；也不要用手接触，以免烫伤；更不要立即放入柜内或桌面上，以免引起燃烧或烙坏桌面。

（3）普通的玻璃瓶和容量器皿均不可加热，也不可倒入热溶液以免引起破裂或使容量不准。

（4）特殊仪器及设备应在熟悉其性能及使用方法后方可使用，并严格按照说明书操作。当情况不明时，不得随便接通仪器电源或扳动旋钮。

（5）嗅闻气体时，应用手轻拂气体，扇向自己后再嗅。

（6）禁止随意混合各种试剂或药品。

（7）乙醚、乙醇、丙酮、苯等易燃物质，放置和使用时必须远离明火，取用完毕后应立即盖紧瓶塞或瓶盖。

（8）充分熟悉安全用具如石棉布、灭火器、沙桶以及急救箱的放置地点和使用方法，并妥善保管，安全用具及急救药品不准移作他用。

1.2.2　事故的预防与处理

1. 防火

实验室中使用的有机溶剂大多数是易燃的，而且多数有机化学反应需要加热，因此着火是有机化学实验室常见的事故之一。预防着火的基本原则如下：

（1）不能用敞口容器加热和放置易燃、易挥发的化学药品。应根据实验要求和物质的特性，选择正确的加热方法。如对沸点低于 80 ℃的液体，在蒸馏时，应采用水浴，不能直接加热。

（2）尽量防止或减少易燃物气体的外逸。处理和使用易燃物时，应远离明火，注意室内通风，及时将气体排出。

（3）进行加热反应时，应准备好冷水或冷水浴。一旦发现反应失去控制，应将反应器浸在冷水浴中冷却。当用电加热套加热时，电加热套应有足够的活动空间，以便在加热剧烈时能方便拆卸。

（4）易燃、易挥发的废物，不得倒入废液缸和垃圾桶中。

（5）实验室不得存放大量易燃、易挥发性物质。

实验室一旦着火，应沉着镇静地及时采取正确措施，防止火势的扩大。第一，立即切断电源，移走易燃物。第二，根据易燃物的性质和火势采取适当的方法进行扑救。有机化合物着火通常不能用水进行扑救，因为一般有机化合物不溶于水或遇水可发生更强烈的反应而引起更大的事故。小火可用湿布或石棉布盖熄，火势较大时，应用灭火器扑救。常用灭火器有二氧化碳灭火器、四氯化碳灭火器、干粉灭火器及泡沫灭火器等。

目前实验室中常用的是干粉灭火器。使用时，拔出销钉，将出口对准着火点，将上手柄压下，干粉即可喷出。

二氧化碳灭火器也是有机化学实验室常用的灭火器。灭火器内存放着压缩的二氧化碳气体，适用于油脂、电器及较贵重的仪器着火时使用。

虽然四氯化碳灭火器和泡沫灭火器都具有较好的灭火性能，但四氯化碳在高温下会生成剧毒的光气,而且与金属钠接触会发生爆炸;泡沫灭火器喷出的泡沫会造成严重污染,给后续处理带来麻烦。因此,这两种灭火器一般不用。不管采用哪一种灭火器,都是从火的周围开始向中心扑灭。

地面或桌面着火时,还可用砂子扑救,但容器内着火不宜使用砂子扑救。身上着火时,应就近在地上打滚(速度不要太快)将火焰扑灭。千万不要在实验室内乱跑,以免引发更大的火灾。

2. 防爆

有些有机化合物容易发生爆炸,如过氧化物、芳香族多硝基化合物等,在受热或受到碰撞时,均会发生爆炸。含过氧化物的乙醚在蒸馏时,也有爆炸的危险。乙醇和浓硝酸混合在一起,会产生极强烈的爆炸。另外,仪器安装不正确或操作不当时,也可引起爆炸,如蒸馏或反应时实验装置被堵塞,减压蒸馏时使用不耐压的仪器等。为了防止爆炸事故的发生,应注意以下几点。

(1)使用易燃、易爆物品时,应严格按照操作规程操作,要特别小心。

(2)反应过于猛烈时,应适当控制加料速度和反应温度。必要时应采用冷却措施。

(3)在用玻璃仪器组装实验装置之前,要先检查玻璃仪器是否有破损。

(4)常压操作时,不能在密闭体系内进行加热或反应,要经常检查反应装置是否被堵塞。如发现堵塞应停止加热或反应,将堵塞排除后再继续加热或反应。

(5)减压蒸馏时,不能用平底烧瓶、锥形瓶、薄壁试管等不耐压容器作为接收瓶或反应瓶。

(6)无论是常压蒸馏还是减压蒸馏,都不能将液体蒸干,以免局部过热或产生过氧化物而发生爆炸。

如发生爆炸事故,室内人员应积极采取有效措施,防止事态扩大。如迅速切断电源,将易燃、易爆物品移至安全的地方。如爆炸后起火,应将灭火器喷出口对准火焰底部并从火的四周开始向中心进行扑救。如果不幸有人员受伤,小伤用急救箱处理,大伤一定要及时送医院。

3. 防中毒

大多数有机化合物是有害的,有些是有毒的,对人体有不同程度的毒害。中毒方式主要是通过呼吸道和皮肤接触有毒物品对人体造成伤害。因此预防中毒应做到:

(1)妥善保管化学药品,不许乱丢乱放。

(2)称量药品时应使用工具,不得直接用手接触,尤其是毒品。任何药品不能用嘴尝。

(3)使用和处理有毒或腐蚀性物质时,应在通风柜中进行或加气体吸收装置,并戴好防护用具。避免气体外逸,造成污染。

如出现中毒情况,应让中毒者及时离开现场,到通风良好的地方,并按如下方法处理:

(1)若化学药品溅入或误入口腔,立即用大量的水冲洗。如已进入胃中,应查明药品的毒性性质再服用解毒药,并立即送往医院急救。

(2)若误吞强酸,应先饮用大量的水,再服用氢氯化铝膏、鸡蛋白等;若误吞强碱,也要先饮用大量的水,再服用醋、酸果汁、鸡蛋白等。不论酸或碱中毒都需灌注牛奶,不要吃呕吐剂。

（3）若发生刺激性及神经性中毒，先服牛奶或鸡蛋白等使之冲淡和缓解，再服用硫酸铜溶液（将硫酸铜溶液 1 g 溶于一杯约 500 mL 水中）催吐，有时也可以用手指伸入喉咙催吐，随后立即到医院就诊。

（4）若吸入有害气体，应迅速将中毒者移至室外，解开衣领及纽扣。若吸入少量氯气或溴气时，可用碳酸氢钠溶液漱口。若吸入 H_2S 或 CO 气体而感到不适时，应立即到室外呼吸新鲜空气。若出现其他较严重的症状，如出现斑点、头昏、呕吐、瞳孔放大时应及时送往医院急救。

4. 防灼伤

皮肤接触了高温、低温或腐蚀性物质后均可能被灼伤。为避免灼伤，在接触这些物质时，最好戴橡胶手套和防护眼镜。发生灼伤时应按下列要求处理：

（1）被碱灼伤时，先用大量的水冲洗，再用 1%～2% 的乙酸或硼酸溶液冲洗，然后再用水冲洗，最后涂上烫伤膏。

（2）被酸灼伤时，先用大量的水冲洗，然后用 1% 的碳酸氢钠溶液清洗，最后涂上烫伤膏。

（3）被溴灼伤时，应立即用大量的水冲洗，再用酒精或 2% 硫代硫酸钠溶液擦洗，洗至灼伤处呈白色，然后涂上甘油或鱼肝油软膏加以按摩。

（4）被热水、炽热的玻璃或铁器烫伤，轻者立即用冷水冲洗伤口数分钟或用冰块敷伤口至痛感减轻；较重者可在患处涂上红花油，然后涂上烫伤膏。

碱、酸等物质一旦溅入眼睛中，应立即用大量清水冲洗，并及时去医院治疗。

5. 防割伤

在有机化学实验中，使用玻璃仪器时，应防止割伤。

（1）需要用玻璃管和塞子连接装置时，用力处不要离塞子太远。尤其是插入温度计时，要特别小心。

（2）新割断的玻璃管断口处特别锋利，使用时，要将断口处用火烧至熔化或用砂轮打磨，使其成圆滑状。

发生割伤后，应将伤口处的玻璃碎片取出，用生理盐水洗净伤口，再涂上红药水，用纱布包好伤口。若受伤严重，应使受伤者躺下，保持安静，将受伤部位略抬高。可在伤口上部约 10 cm 处用纱布扎紧，减慢流血，压迫止血，千万不要用止血带或压脉器来止血，同时迅速拨打急救电话。

6. 用电安全

进入实验室后，首先应了解水、电、气的开关位置，而且要掌握它们的使用方法。使用电器前，应检查线路连接是否正确，电器内外要保持干燥，不能有水或其他溶剂。实验完成后，应先关掉电源，再拔掉插头，最后关冷凝水。值日生在做完值日后，要关掉所有的水闸及总电闸。

人体通过 50 Hz 1 mA 的交流电就会有感觉，通过 10 mA 以上的电流会使肌肉强烈收缩，通过 25 mA 以上电流呼吸困难，甚至停止呼吸，100 mA 以上电流则使心脏的心室产生纤维性颤动,以致无法救活。在人体通过同样电流的直流电情况下,也有相似的危害。

安全用电注意事项如下:

(1)实验时要注意观察电源是否发热、发烫,是否有糊味气体散发和实验室内是否有电器老化等现象。若发现异常,及时报修,防止意外发生。

(2)一切电源裸露部分都应有绝缘装置,所有电器设备的金属外壳应接上地线。

(3)操作电器时,手必须干燥。实验时,应先连接好电路后再接通电源。实验结束后,先切断电源,再拆线路。

(4)若室内有氢气、煤气等易燃、易爆气体时,应注意室内通风,电线的接头要接触良好、包扎牢固,在继电器上连接电容器,以减弱电火花,防止引起火灾或爆炸。

(5)如遇到着火,应首先切断电路,用砂土、干粉灭火器或四氯化碳灭火器等灭火,禁止用水或泡沫灭火器灭火。

(6)如果遇到有人触电,应首先切断电源,然后对触电者进行人工呼吸并送医院抢救。

7. 实验室常用急救用品

实验室常用的急救用品有消防器材、急救药品、急救用具等。

(1)消防器材:泡沫灭火器、四氯化碳灭火器、二氧化碳灭火器、砂土、石棉布、毛毡、棉胎和淋浴用的水龙头等。

(2)急救药品:生理盐水、医用酒精、红药水、烫伤膏、1%～2%的乙酸或硼酸溶液、1%的碳酸氢钠溶液、2%的硫代硫酸钠溶液、甘油、止血粉、龙胆紫、凡士林等。

(3)急救用具:镊子、剪刀、纱布、药棉、绷带等。

1.2.3　有机化学试剂的安全使用

1. 有机化学试剂的常识

1)易燃化学品

(1)可燃气体,包括甲烷、一氯乙烷、煤气、氢气、乙胺等。

(2)易燃液体。易燃液体分为三个等级:汽油、丙酮、乙醚、环氧乙烷属于一级易燃液体;甲醇、乙醇、二甲苯、吡啶等属于二级易燃液体;煤油、柴油等属于三级易燃液体。

(3)易燃固体,如硫磺、红磷、硝化纤维等。

(4)易自燃物质,如黄磷等。

(5)遇水易燃物质,如金属钾、钠、电石、锌粉等。

2)易爆化学品

易爆化学品一般指在空气中或遇到外界条件变化后不稳定的化学品,常为实验中采用的氧化剂,要在运输、保存、使用过程中了解其性质,以防危险事故的发生。易爆化学品按危险程度可分为三个等级:一级易爆品为遇水极易引起爆炸的物质,如氯酸钾、高氯酸、过氧化钠等;二级易爆品为遇热或日晒后方能引起爆炸的物质,如高锰酸钾、过氧化氢等;三级易爆品为遇高温或与酸作用后引起爆炸的,如硝酸铅、重铬酸钾等。另外,在保存或运输化学品时,严禁将易爆化学品与还原性或易燃性药品一起储存或运输,以防发生爆炸事故。

3)化学药品的毒性

（1）致癌药品，包括亚硝胺、联苯胺及其盐、对氨基偶氮苯、氯甲基甲醚、氯乙烯、间苯二酚等。

（2）剧毒药品，包括六氯苯、氰化钠、氢氟酸、氯化汞、有机砷化合物、有机磷化合物、有机硼化合物、乙腈等。

（3）有机试剂。根据对人体危害程度，有机试剂分为无毒、低毒和有毒三种类型。其中无毒试剂主要指长时间使用对人体无毒害作用的试剂，包括戊烷、石油醚、乙烷、乙酸、乙醇、乙酸乙酯等，还有些试剂虽有毒性，但由于挥发性较低，也可以认为是无毒的，包括乙二醇、丁二醇、邻苯二甲酸二丁酯等；低毒试剂指对人体有一定程度的毒害作用，但短时间内没有重大危险的试剂，包括甲苯、二甲苯、环己烷、乙酸丙酯、丁醇、三氯乙烯、环氧乙烷、石油脑、四氢化萘、硝基乙烷等；有毒试剂指短时间接触就会对人体产生危害的试剂，包括苯、二硫化碳、四氟化碳、甲醇、乙醛、硝基苯、氯苯、硫酸二甲酯、吡啶等。

一些化学试剂供应商需要对供应的化学试剂提供"物质安全性数据卡片"（MSDS）。MSDS 包括物理常数、燃烧爆炸性、化学反应性、泄漏处理方法、危害健康信息、毒性数据及保存等知识，做实验前应该尽可能阅读所使用试剂的 MSDS。

常用危险化学品标识如图 1-1 所示。

图 1-1　化学危险品的标识

2. 有机化学实验室废物处理

有机化学实验过程中经常产生废气、废液和废渣（三废）。如果学生不养成良好的习惯，对"三废"乱弃、乱倒、乱扔，轻则堵塞下水道，重则腐蚀水管，污染环境。因此一定要有保护环境的意识，遵守国家的环保法规。有机化学实验室的"三废"可采用如下方法处理：

（1）所有实验中产生的"三废"应按固体、液体或有害、无害等分类收集于不同的容器中，对一些难处理的有害废物可送环保部门专门处理。

（2）少量的酸（如盐酸、硫酸、硝酸等）或碱（如氢氧化钠、氢氧化钾等）在倒入下水道之前必须先中和，并用水稀释。有机溶剂废液要回收到指定的带有标签的回收瓶或废液缸中集中处理。

（3）对无害的固体废物（如滤纸、碎玻璃、软木塞、沸石、氧化铝、硅胶等）可直接倒入普通的废物箱中，不应与其他有害固体废物相混。对有害固体废物应放入带有标签的广口瓶中。

（4）对易燃、易爆的废弃物（如金属钠）应由教师处理，学生切不可自主处理。对可能致癌的物质,处理起来应格外小心,避免与手接触。

1.3　有机化学实验中常用的仪器

有机化学实验所用的仪器有玻璃仪器、金属用具、光学、电学仪器及其他一些仪器设备。

1.3.1　玻璃仪器

有机化学实验常用的玻璃仪器,可分为普通玻璃仪器及标准磨口仪器两类。普通玻璃仪器有烧杯、锥形瓶、抽滤瓶、玻璃漏斗、布氏漏斗、分液漏斗、量筒等,标准磨口仪器有圆底烧瓶、三口烧瓶、分液漏斗、滴液漏斗、冷凝管、蒸馏头、接引管等。详见表1-1。

表 1-1　常用玻璃仪器

	1.三角漏斗	2.锥形瓶(三角烧瓶)	3.抽滤瓶和布氏漏斗
普通玻璃仪器	4.蒸发皿	5.表面皿	6.烧杯
	7.量筒	8.移液管	9.温度计
磨口玻璃仪器	1.圆底烧瓶	2.多口烧瓶	3.直形冷凝管

续表

磨口玻璃仪器	4.刺形分馏柱	5.球形冷凝管	6.蛇形冷凝管
		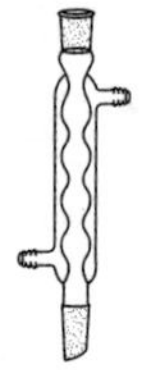	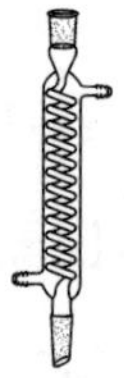
	7.空气冷凝管	8.接引管	9.蒸馏头
		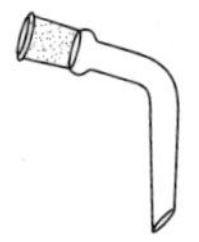	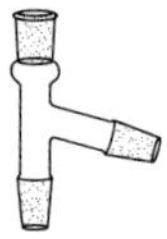
	10.温度计套管	11.导气接头	12.干燥管
		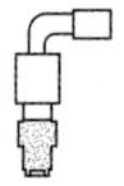	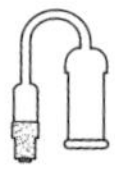
	13.分液漏斗	14.滴液漏斗	15.恒压滴液漏斗
			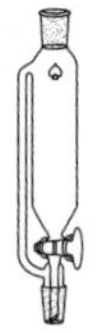

1.普通玻璃仪器

使用玻璃仪器时应轻拿轻放;除试管等少数器皿外,一般都不能直接用明火加热;锥形瓶不耐压力,不能作减压实验用;厚壁玻璃器皿(如抽滤瓶)不耐热,不能加热;广口容器(如烧杯)不能贮放有机溶剂;带活塞的玻璃器皿如分液漏斗、滴液漏斗、分水器等,用过洗净后,在活塞与磨口间应垫上纸片,以防粘住。如已粘住,可用水煮后再轻敲塞子,或在磨口四周涂上润滑剂后用电吹风吹热风,使之松开。另外,温度计不能代替搅拌棒使用,并且也不能用来测量超过刻度范围的温度。温度计用后要缓慢冷却,不可立即用冷水冲洗以免炸裂。

2. 标准磨口仪器

在有机化学实验及有机半微量分析、制备及分离中,常用带有标准磨口的玻璃仪器,总称为标准磨口仪器。常用标准磨口仪器的形状、用途与普通仪器基本相同,只是具有国际通用的标准磨口和磨塞。

标准磨口仪器根据容量的大小及用途有不同编号,按磨口最大端直径的毫米数分为 10、14、19、24、29、34、40、60 等 8 种;也有用两个数字表示磨口大小的,如 10/19 表示此磨口最大直径为 10 mm,磨口面长度为 19 mm。相同编号的磨口和磨塞可以紧密相接,因此可按需要选配和组装各种型式的配套仪器进行实验。使用标准磨口仪器时必须注意以下事项:

(1)磨口处必须洁净,若粘有固体物质则使磨口对接不紧密,导致漏气,甚至损坏磨口。

(2)用后应拆卸洗净,否则放置后磨口连接处常会粘住,难以拆开。

(3)一般使用时磨口无须涂润滑剂,以免污染反应物或产物。若反应物中有强碱,则应涂润滑剂,以免磨口连接处因碱腐蚀而粘住,无法拆开。

(4)安装时,应注意磨口编号,装配要正确、整齐,使磨口连接处不受应力,否则仪器易折断或破裂,特别在受热时,应力更大。

1.3.2　金属用具

有机实验室中常用的金属用具有铁夹、铁架、铁圈、水浴锅、热水漏斗、镊子、剪刀、三角锉刀、圆锉刀、打孔器、不锈钢刮刀、切钠刀、水蒸气发生器、升降台等,如图 1-2 所示。

铁夹、铁圈、铁架台　　　　　坩埚钳　　　　　　升降台

图 1-2　常用金属用具

铁架台、十字夹和铁夹的正确使用方法是铁架台应面向外放置,整齐地置于仪器的背面。铁夹和铁架台的朝向一致,固定铁夹的十字夹缺口应向上,铁夹可动的部分朝上,固定的部分朝下,如图 1-3 所示。铁夹的双钳应贴有橡皮、绒布等软性物质,或套上一小段橡皮管。铁夹夹住仪器要不松不紧,太松装置不牢固,太紧容易损坏仪器,仪器稍稍松动一点为好。

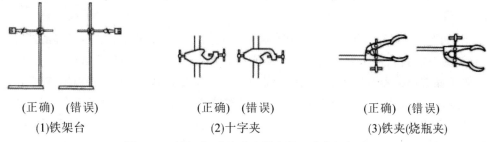

(正确)　(错误)　　　　　(正确)　(错误)　　　　　(正确)　(错误)

(1)铁架台　　　　　　　(2)十字夹　　　　　　　(3)铁夹(烧瓶夹)

图 1-3　铁架台、十字夹和铁夹的正确使用方法

1.3.3　有机实验室的常用仪器设备

1. 电吹风

电吹风用于干燥玻璃仪器,宜存放在干燥处,防潮、防腐。

2. 调压变压器

调压变压器是调节电源电压的一种装置[如图1-4(1)所示]，常用来调节加热电炉的温度，调整电动搅拌器转速等。使用时应注意以下几点：

(1)电源应接到注明输入端的接线柱上，输出端的接线柱与搅拌器或电炉的导线相连，不能接错，同时变压器应有良好的接地。

(2)调节旋钮时应均匀缓慢，以防止剧烈摩擦而引起火花或使炭刷接触点受损。如果炭刷磨损大时应予更换。

(3)不允许长期过载(如调压过高)，以防烧毁。注意有时可能外标与炭刷不相对应。

(4)经常用软布拭去灰尘，使炭刷及绕线组接触表面保持清洁。

(5)使用后应将旋钮调回零位，并切断电源，放在干燥通风处，不得靠近有腐蚀性的液体。

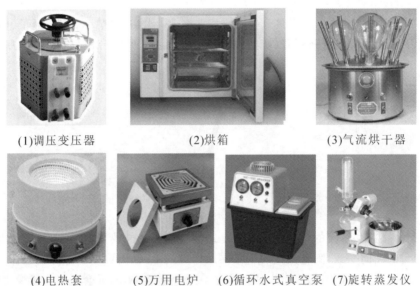

(1)调压变压器　　　　(2)烘箱　　　　(3)气流烘干器

(4)电热套　　(5)万用电炉　(6)循环水式真空泵　(7)旋转蒸发仪

图1-4　有机实验室常用仪器设备

3. 烘箱

烘箱[如图1-4(2)所示]用来干燥玻璃仪器或烘干无腐蚀性、加热不分解的药品。挥发性易燃物或以酒精、丙酮淋洗过的玻璃仪器不能放入烘箱内，以免发生爆炸。

一般干燥玻璃仪器时应先沥干，无水滴下时才放入烘箱，升温加热，将温度控制在100～120 ℃。实验室中的烘箱是公用仪器，往烘箱里放玻璃仪器时应自上而下依次放入，以免残留的水滴流下使已烘热的玻璃仪器炸裂。取出烘干后的仪器时，应用干布衬手，以免烫伤。取出后不能碰水，以防炸裂。取出后的热玻璃仪器，若自行冷却，器壁上常会凝结有水汽，可用电吹风的冷风助其冷却。

4. 气流烘干器

气流烘干器是借助热空气将玻璃仪器烘干的一种设备[如图1-4(3)所示]，其特点是快速、方便。将玻璃仪器插入风管上，5～10分钟后仪器即可烘干。注意随时调节热空气的温度、气流，烘干器不宜长时间加热，以免烧坏电机和电热丝。

5. 电热套

电热套是实验室通用加热仪器的一种，由无碱玻璃纤维和金属加热丝编制的半球形加热内套和控制电路组成，多用于玻璃容器的精确控温加热［如图 1－4(4)所示］。根据内套直径大小分为 50 mL、100 mL、150 mL、200 mL、250 mL 等规格，最大可达到 3000 mL。此设备不用明火加热，使用较安全。由于它的结构是半圆形，在加热时，烧瓶处于热气流中，因此加热效率较高。使用时应注意，不要将药品洒在电热套中，以免加热时药品挥发污染环境，同时避免电热丝被腐蚀而断开。用完后放在干燥处，否则内部吸潮后会降低绝缘性能。

加热温度用调压变压器控制，普通电热套加热温度最高可达 400 ℃，高温电热套由于使用了更加耐高温的内套织造材料，最高加热温度可到 800～1000 ℃。电热套主要用作回流加热的热源。用它进行蒸馏或减压蒸馏时，随着蒸馏的进行，瓶内物质逐渐减少，这时使用电热套加热，就会使瓶壁过热，造成蒸馏物被烤焦的现象。若选用大一号的电热套，在蒸馏过程中，需要不断降低垫电热套的升降台的高度，这样可以减少烤焦现象。

6. 万用电炉

万用电炉靠一条电阻丝通上电流产生热量［如图 1－4(5)所示］进行加热。电炉的电压应与电源电压相符，其功率为 500 W、600 W、800 W、1000 W 等。加热容器是金属制品时，应垫一块石棉网，防止金属容器触及电炉丝，发生短路和触电事故，加热玻璃仪器也需要垫上石棉网。电炉的耐火砖炉盘凹槽中，要经常保持清洁，及时清除灼烧焦糊物，以保持炉丝导电良好。

7. 循环水式真空泵

循环水式真空泵是以循环水作为工作介质的喷射泵［如图 1－4(6)所示］。它是利用射流技术产生负压原理设计的一种泵。其特点是体积小、节约水。

使用循环水泵时的注意事项：

(1)真空泵与体系之间应当接一个缓冲瓶，避免在停泵时，水被倒吸入体系中，污染体系。

(2)开泵前，应检查泵是否与体系连接好(一定要用耐压橡皮管)，然后打开缓冲瓶上的活塞。开泵后，用缓冲瓶上的活塞调节所需要的真空度。关泵时，先打开缓冲瓶上的活塞，拆掉与体系的接口，再关泵。

(3)要经常补充和更换水泵中的水，以保持水泵的清洁和真空度。如果水温较高，可以采用加冰的方法，降低水温以提高真空度。

8. 旋转蒸发仪

旋转蒸发仪是由电机带动的可旋转蒸发器(圆底烧瓶)、冷凝器和接收器组成［如图 1－4(7)所示］，能够在常压或减压下工作。既可一次进料，也可分批吸入蒸发料液。由于蒸发器的不断旋转，不加沸石也不会暴沸。蒸发器旋转时，会使料液的蒸发面大大增加，加快了蒸发速度。因此，旋转蒸发仪是浓缩溶液、回收溶剂的理想装置。

旋转蒸发仪使用时的注意事项：

(1)减压蒸馏时，当温度高、真空度低时，瓶内液体可能会暴沸。此时，及时转动插管开关,通入冷空气降低真空度即可。对于不同的物料,应找出合适的温度与真空度,平稳地进行蒸馏。

（2）停止蒸发时,应先停止加热,再切断电源,最后停止抽真空。若烧瓶取不下来,可趁热用木槌轻轻敲打,以便取下。

9. 电动搅拌器

电动搅拌器一般在常量有机化学实验的搅拌操作中使用,仪器由机座、小型电动机和变压调速器几部分组成,适用于一般的油性或水性液体的搅拌。电动搅拌器如图 1-5(1) 所示。

10. 电磁搅拌器

将一根用玻璃或聚四氟乙烯封闭的软铁做磁子,投入反应瓶中,反应瓶固定在电磁搅拌器的托盘中,托盘下方装置有旋转磁场,当接通电源后,由于旋转磁场的转动,引起磁场变化,带动容器内的磁子转动,起到搅拌的作用。一般电磁搅拌器都带有加热、调温和调速装置如图 1-5(2)、(3)所示。这种搅拌器使用简单、方便,常用在小量和半微量实验中。

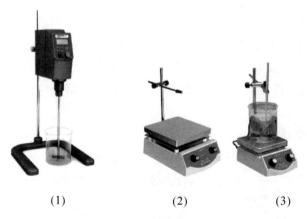

(1)　　　　　　　(2)　　　　　　　(3)

图 1-5　电动搅拌器和电磁搅拌器

11. 气体钢瓶

钢瓶又称为高压气瓶,是一种在加压下贮存或运送气体的容器。实验室常用钢瓶贮存各种气体。钢瓶是用无缝合金钢或碳素钢管制成的圆柱形容器,器壁很厚,一般最高工作压力为 15 MPa。使用时为了降低压力并保持压力稳定,必须装置减压阀,各种气体的减压阀不能混用。

钢瓶通常分为铸钢钢瓶、低合金钢瓶和玻璃钢瓶(即玻璃增强塑料)。氢气、氧气、氮气、空气等在钢瓶中呈压缩气状态,二氧化碳、氨、氯、石油气等在钢瓶中呈液化状态。乙炔钢瓶内装有多孔性物质(如木屑、活性炭等)和丙酮,乙炔气体在压力下溶于其中。为了防止各种钢瓶混用,全国统一规定了瓶身、横条以及标字的颜色。气体钢瓶颜色与标记如表1-2所示。

表 1 - 2　常用钢瓶颜色与标色

钢瓶名称	瓶身颜色	字样	横条颜色	标字颜色
氮气瓶	黑	氮	棕	黄
空气瓶	黑	压缩空气		白
二氧化碳气瓶	黑	二氧化碳	黄	黄
氧气瓶	天蓝	氧		黑
氢气瓶	深绿	氢	红	红
氯气瓶	草绿	氯	白	白
氨气瓶	黄	氨		黑
粗氩气瓶	灰	粗氩		白
纯氩气瓶	灰	纯氩		绿
氦气瓶	灰	氦		白
液化石油气瓶	灰	石油气		红
乙炔气瓶	白	乙炔		红
氟氯烷气瓶	黄	氟氯烷		黑
其他一切可燃气体气瓶	红			
其他一切不可燃气体气瓶	黑			

使用钢瓶时应注意:

(1)气体钢瓶在运输、储存和使用时,注意勿使气体钢瓶与其他坚硬物体碰撞,搬运钢瓶时要旋上瓶帽,套上橡皮圈,轻拿轻放,防止摔碰或剧烈振击引起爆炸。钢瓶应放置在阴凉、干燥、远离热源的地方,避免日光直晒。氢气钢瓶应存放在与实验室隔开的气瓶房内。实验室中应尽量少放钢瓶。

(2)原则上有毒气体(如液氯等)钢瓶应单独存放,严防有毒气体逸出,注意室内通风。最好在存放有毒气体钢瓶的室内设置毒气检测装置。

(3)若两种钢瓶中的气体接触后可能引起燃烧或爆炸,则这两种钢瓶不能存放在一起。气体钢瓶存放或使用时要固定好,防止滚动或跌倒。为确保安全,最好在钢瓶外面装橡胶防震圈。液化气体钢瓶使用时一定要直立放置,禁止倒置使用。

(4)钢瓶使用时要用减压表,一般可燃性气体(氢、乙炔等)钢瓶气门螺纹是反向的,不燃或助燃性气体(氮、氧等)钢瓶气门螺纹是正向的。各种减压表不得混用。开启气门时应站在减压表的另一侧,以防减压表脱出而被击伤。

　　减压表由指示钢瓶压力的总压力表、控制压力的减压阀和减压后的分压力表三部分组成。使用时,首先把减压表与钢瓶连接好后,将减压表的调压阀旋到最松位置(即关闭状态);然后打开钢瓶总气阀门,总压力表即显示瓶内气体总压,检查各接头(用肥皂水)不漏气后,方可缓慢旋紧调压阀门,使气体缓缓送入系统。使用完毕时,应首先关紧钢瓶总阀门,排空系统的气体,待总压力表与分压力表均指到 0 时,再旋松调压阀门。如钢瓶与减压表连接部分漏气,应加垫圈使之密封,切不能用麻丝等物品堵漏,特别是氧气钢瓶及减压表绝对不能涂油。

　　(5)钢瓶中的气体不可用完,应留有 0.5% 表压以上的气体,以防止重新灌气时发生危险。

　　(6)可燃性气体使用时,一定要有防止回火的装置(有的减压表带有此种装置)。在导管中塞细铜丝网,管路中加液封可以起保护作用。

　　(7)钢瓶应定期试压检验(一般钢瓶三年检验一次)。逾期未经检验或锈蚀严重时,不得使用,漏气的钢瓶不得使用。

　　(8)防止油脂等有机试剂污染氧气钢瓶,因为油脂遇到逸出的氧气就可能燃烧,若已有油污污染了氧气钢瓶,则应立即用四氯化碳洗净。氢气、氧气或可燃气体钢瓶严禁靠近明火,与明火的距离一般不小于 10 m,否则必须采取有效的保护措施;氢气瓶最好放在远离实验室的室内;采暖期间,气瓶与暖气片的距离不小于 1 m。存放氢气钢瓶或其他可燃性气体钢瓶的房间应注意通风,以免漏出的氢气或可燃性气体与空气混合后遇到火种发生爆炸。室内照明灯及电器通风装置均应防爆。

1.4　实验预习、实验记录和实验报告

　　学生在进行每个实验时,必须做好实验预习、实验记录和实验报告。

1.4.1　实验预习

　　为了使实验能够达到预期的效果,在实验之前要做好充分的预习和准备。每个学生都必须准备一本实验预习本,并编上页码,不能用活页本或零星纸张代替。文字要简练明确,书写整齐,字迹清楚。写好实验记录是从事科学实验的一项重要工作。以制备实验为例,一般预习提纲包括以下内容:

　　(1)实验目的。

　　(2)主反应和重要副反应的反应方程式。

　　(3)原料、产物和副产物的物理常数、原料用量、计算理论产量。

　　(4)正确而清楚的装置图。

　　(5)用图表形式表示实验步骤,特别注意实验的关键事项和实验安全。

1.4.2　实验记录

　　进行实验时要做到操作认真,观察仔细,并随时将测得的数据或观察得到的实验现象记在记录本上,养成边实验边记录的好习惯,记录必须真实详尽。记录的内容包括实验的全部过程,如加入药品的数量、仪器装置、每一步操作的时间、内容和所观察到的现象(包括温度、

颜色、体积或质量的数据等）。实验记录要求实事求是,准确反映真实的情况,特别是当观察到的现象和预期的现象不同时,以及操作步骤与教材规定的不一致时,要按照实际情况记录清楚,以便作为总结、讨论的依据。其他各项,如实验过程中一些准备工作、现象解释、称量数据,以及其他备忘事项,可以记录在备注栏内。应该牢记,实验记录是原始资料,科学工作者必须重视。

1.4.3　实验报告

实验完成后应及时写出实验报告。实验报告是学生完成实验的一个重要步骤,通过实验报告,可以培养学生判断问题,分析问题和解决问题的能力。一份合格的实验报告应包括以下内容。

（1）实验名称:通常作为实验题目出现。

（2）实验目的:简述该实验所要求达到的目的和要求。

（3）实验原理:简要介绍实验的基本原理,主反应方程式及主要副反应方程式。

（4）实验所用的仪器、药品及装置:要写明所用仪器的型号、数量、规格、试剂的名称、规格。

（5）主要试剂的物理常数:列出主要试剂的相对分子量、相对密度、熔点、沸点和溶解度等。

（6）仪器装置图:画出主要仪器装置图。

（7）实验内容、步骤要简明扼要,尽量用表格、框图、符号表示。

（8）实验现象和数据的记录:在自己观察的基础上如实记录。

（9）结论和数据处理:化学现象的解释最好用反应方程式表示,如果是合成实验要写明产物的特征、产量,并计算产率。

1.4.4　总结讨论

对实验中遇到的疑难问题要提出自己的见解。分析产生误差的原因,对实验方法、教学方法、实验内容、实验装置等提出意见或建议,并包括回答思考题。

1.4.5 实验报告格式

实验报告格式示例如下。

姓名		班级		组别		合作者	
日期		室温		大气压		成绩	
实验名称			1-溴丁烷的制备				
实验目的		1.学习由醇制备卤代烃的原理与方法。 2.练习回流及有害气体吸收装置的安装与操作。 3.进一步练习洗涤、干燥、蒸馏等操作。					

一、实验原理
　　主反应:

$$NaBr + H_2SO_4 \longrightarrow HBr + NaHSO_4$$

$$CH_3CH_2CH_2CH_2OH + HBr \rightleftharpoons CH_3CH_2CH_2Br + H_2O$$

副反应：

$$CH_3CH_2CH_2CH_2OH \xrightarrow[\triangle]{H_2SO_4} C_2H_5CH{=}CH_2 + H_2O$$

$$2CH_3CH_2CH_2CH_2OH \xrightarrow[\triangle]{H_2SO_4} (CH_3CH_2CH_2CH_2)_2O + H_2O$$

$$HBr + H_2SO_4 \longrightarrow Br_2 + SO_2 + H_2O$$

二、实验试剂

名称（化学式）	试剂规格	相对分子质量	相对密度/(g.mL⁻¹)	熔点/℃	沸点/℃	实验中的角色及用量
正丁醇（C_4H_9OH）	分析纯（AR）	74	0.81	−89.2	117.7	反应物,0.068 mol（作为基准量）,约6.2 mL
无水溴化钠（NaBr）	分析纯（AR）	103	—	755	1390	反应物,0.080 mol（过量）,约8.3 g
浓硫酸（H_2SO_4）	分析纯（AR）	98	1.84	10.38	340（分解）	①反应物:0.188 mol（过量）,约10 mL；②洗涤萃取剂:3 mL
5% NaOH 溶液	实验室配制	40	—	—	—	HBr 气体吸收剂,约100 mL
10% Na_2CO_3 溶液	实验室配制	106	—	—	—	洗涤用萃取剂,5 mL
无水 $CaCl_2$	分析纯（AR）	111	—	—	—	干燥剂,约2 g
1-溴丁烷（C_4H_9Br）	—	137	1.275	−112.4	101.6	产物

三、实验仪器

仪器名称	规格型号	数量	仪器名称	规格型号	数量	仪器名称	规格型号	数量
圆底烧瓶	19/26 100 mL	1	接引管	19/26	1	梨形分液漏斗	250 mL	1
圆底烧瓶	19/26 50 mL	1	导气接头	19/26	1	温度计套管	19/26	1

续表

仪器名称	规格型号	数量	仪器名称	规格型号	数量	仪器名称	规格型号	数量
蒸馏头	19/26	1	普通三角漏斗	Φ60 mm	1	温度计	水银，0～150 ℃	1
直形冷凝管	19/26 200 mm(长)	1	烧杯	250 mL	1	量筒	10 mL	2
球形冷凝管	19/26 200 mm(长)	1	锥形瓶	100 mL	3	刻度移液管	10 mL	1

四、实验流程

溴化钠　正丁醇　浓H_2SO_4　H_2O

↓ 回馏

1-溴丁烷　正丁醇　正丁醚　H_2O

↓ 蒸馏

残液　　　　　　　　　　　馏液
H_2SO_4　$NaHSO_4$等　　1-溴丁烷　正丁醇　正丁醚　H_2O　H^+

↓ 浓硫酸

↓ 分液

酸层（下）　　　　　　　　　有机层（上）
正丁醇　正丁醚　H_2SO_4　H_2O　　　1-溴丁烷　H_2SO_4

↓ 水

↓ 10% Na_2CO_3

↓ 水

水层（上）　　　　　　　　　有机层（下）
Na_2SO_4　Na_2CO_3　H_2O　　　1-溴丁烷　H_2O

↓ $CaCl_2$ 干燥

↓ 蒸馏 99～103 ℃

1-溴丁烷

五、实验装置图

(1) 回流气体吸收装置   (2) 蒸馏装置   (3) 洗涤分流装置

注：以上为实验预习报告中应完成的内容！以下内容需在实验过程中及时记录，并在实验结束后按时完成。

六、实验步骤及现象记录

时　间	实　验　操　作	现　象　记　录
14:30	按要求搭建好回流装置和气体吸收装置	
14:45	往 100 mL 圆底烧瓶中加入10 mL水，再小心加入 10 mL 浓 H_2SO_4，混合均匀后冷却至室温	放热，烧瓶烫手
14:55	依次向烧瓶中加入 6.2 mL 正丁醇和 8.3 g 研细的无水 NaBr，充分振摇后，加入沸石和磁力搅拌子，迅速安装到回流装置上	不分层，有许多 NaBr 未溶解，烧瓶中有白色雾状气体出现
⋮		⋮
17:25	将干燥好的产物过滤到 50 mL 圆底烧瓶中，加入几粒沸石，安装好蒸馏装置。小心加热蒸馏，收集 99 ~ 102 ℃的馏分	温度上升到 99 ℃之前的前馏分很少，长时间的稳定于 101~102 ℃；升至 103 ℃时，温度突然下降，烧瓶中剩余的液体很少，停止蒸馏。产物为无色透明液体，瓶重 18.4 g，共重 25.1 g，产物净重6.7 g

七、数据记录与处理

1. 产品

1-溴丁烷，无色透明液体，沸程为 99 ~ 103 ℃，产量 6.7 g。

2. 产率

因其他试剂过量，理论产量的计算应以正丁醇的量计算。

0.068 mol 正丁醇理论应能生成 0.068 mol 1-溴丁烷，即，1-溴丁烷的理论产量为：

$$0.068 \text{ mol} \times 137 \text{ g/mol} = 9.316 \text{ g}$$

本实验所得 1-溴丁烷的产率 $= (6.7 \text{ g}/9.316 \text{ g}) \times 100\% = 71.9\%$

八、体会与讨论

本次实验基本成功。在进行回流反应操作时，没控制好加热温度和强度，导致反应体系的温度过高，使烧瓶中出现红褐色的副产物，影响了产品的产率。另外，在洗涤分离粗产物时，分液漏斗的操作不当，也损失了部分产品。同时，实验中有 HBr 气体生成，需要做好防护工作，认真地按老师要求安装好气体吸收装置，保障自己和他人的安全。

在以后的实验中，应更加认真小心地操作，注意细节问题，提高产品的产率。

九、思考题

略。

第二部分 有机化学实验的基本操作

2.1 常用玻璃仪器的洗涤和保养

2.1.1 玻璃仪器的洗涤和保养

有机化学实验中使用的各种玻璃仪器的功能是不同的。必须掌握它们的功能、保养和洗涤方法,才能正确使用,提高实验效率,避免不必要的损失。

使用清洁的仪器是实验成功的首要条件,也是一个化学工作者必备的良好素质。仪器用完后应立即清洗。其方法是:反应结束后,趁热将仪器磨口连接处打开,将瓶内残液倒入废液缸。用毛刷蘸少许清洁剂洗刷器皿的内部和外部,再用清水冲洗干净。注意不要让毛刷的铁丝摩擦磨口。这样清洗的仪器可供一般实验使用,若需要精制产品或供分析使用,则还需用蒸馏水摇洗几次,洗去自来水带入的杂质。

遇到难以清洗的残留物时,根据其性质用适当的溶液溶解。如果是碱性物质,可用稀硫酸或稀盐酸溶液溶解;若是酸性物质,可用稀氢氧化钠溶液浸泡溶解。

常用的洗液及洗涤方法有以下几种:

(1)铬酸洗涤液。这种洗涤液氧化能力很强,对有机污垢破坏力很大,可洗去碳化残渣等有机污垢。铬酸洗涤液的配制方法为:重铬酸钾 5 g 溶于 5 mL 水中,边搅拌边慢慢加入浓硫酸 100 mL,待混合液冷却至约 40 ℃时,倒入干燥的磨口严密的细口试剂瓶中保存。铬酸本身呈红棕色,若经长期使用,洗涤液变成绿色时,表示已失效。

(2)盐酸洗涤液。可以洗去附着在器壁上的二氧化锰或碳酸盐等污垢。

(3)碱性洗涤液。可配制成氢氧化钠(钾)的乙醇浓溶液,用以清洗油脂和一些有机化合物(如有机酸)。

(4)有机溶剂洗涤液。对于不溶于酸或碱的物质,可用合适的有机溶剂溶解,清洗后的有机溶剂应倒入指定的回收瓶中,不能倒入水槽或水池中。但必须注意,不能用大量的化学试剂或有机溶剂清洗仪器,这样不仅造成浪费而且还会发生危险。

(5)超声波清洗器。有机化学实验中常用超声波清洗器来洗涤玻璃仪器,其优点是省时、方便。只要把用过的仪器放在含有洗涤剂的溶液中,接通电源,利用声波的振动和能量,即可达到清洗仪器的目的。

上述方法清洗过的仪器,再用自来水冲洗干净即可。器皿是否清洁的标志是加水倒置,水顺着器壁流下,内壁被水均匀润湿有一层既薄又均匀的水膜,不挂水珠。

为了延长玻璃仪器的使用寿命,在使用过程要注意保养,下面是几种常用的玻璃仪器的保养方法。

1. 温度计

温度计水银球部位的玻璃很薄,容易打破,使用时要特别注意。第一,不能用温度计当搅拌棒使用;第二,不能测定超过温度计最高刻度的温度;第三,不能把温度计长时间放在高温溶剂中,否则,会使水银球变形,导致读数不准。

温度计用后要让它慢慢冷却,特别在测量高温之后,切不可立即用水冲洗。否则,水银球会破裂,或水银柱破裂,应悬挂在铁座架上,待冷却后把它洗净抹干,放回温度计盒内,盒底要垫上一小块棉花。如果是纸盒,放回温度计时要检查盒底是否完好。

2. 冷凝管

冷凝管通水后很重,所以装置冷凝管时应将夹子夹紧在冷凝管重心处,以免翻倒。如内外管都是玻璃质的则不适用于高温蒸馏用。

洗刷冷凝管时要用长毛刷,如用洗涤液或有机溶液洗涤时,用软木塞塞住一端。不用时,应直立放置,使之易干。

3. 分液漏斗

分液漏斗的活塞和盖子都是磨砂口的,若非原配的,就可能不严密,所以,使用时要注意保护它,各个分液漏斗之间也不要互相调换,用后一定要在活塞和盖子的磨砂口间垫上纸片,以免日久后难以打开。

2.1.2　玻璃仪器的干燥

在有机化学实验中经常会使用干燥的玻璃仪器,所以学生要养成在每次实验后马上把玻璃仪器洗净和倒置的习惯。干燥玻璃仪器的方法有下列几种:

1. 自然风干

自然风干是指把已洗净的仪器放在干燥架上自然风干,这是常用且简单的方法。但必须注意,如玻璃仪器洗得不够干净,水珠不易流下,干燥时就会较为缓慢。

2. 烘干

把玻璃仪器放入烘箱内烘干。仪器口向上,带有磨砂口玻璃塞的仪器,必须取出活塞并拿开才可烘干,烘箱内的温度保持 $100\sim105\ ℃$,片刻即可。当把已烘干的玻璃仪器拿出来时,最好先让烘箱内温度降至室温后再取出。切不可让热的玻璃仪器沾上水,以免破裂。

3. 吹干

用压缩空气或用吹风机把仪器吹干。急待使用的仪器,可将水尽量沥干,然后用少量丙酮或乙醇摇洗,回收溶剂后,用吹风机吹干。先用冷风吹 $1\sim2\ min$,再换热风吹,吹干后,再用冷风吹,防止热的仪器在自然冷却过程中器壁上凝结水汽。(注意:不宜把带有有机溶剂的仪器直接放入烘箱中,也不宜先用热风吹)

【思考题】

(1)玻璃仪器的洗涤方法有哪些?

(2)玻璃仪器的干燥方法有哪些?

2.2 加热与冷却

2.2.1 加热

有些有机化学反应在常温下很难进行,或反应速率很慢,因此,常需要加热来加速反应。从加热方式来看有直接加热和间接加热。在有机化学实验中一般不使用直接加热,如直接在酒精灯上加热。直接加热会因受热不均匀,导致局部过热,甚至导致反应器破裂,所以,实验室安全规则中规定禁止用明火直接加热易燃溶剂。

为了保证反应器受热均匀,一般使用热浴间接加热,可作为传热的介质有空气、水、有机液体、熔融的盐和金属。根据加热温度、升温速度等条件的需要,常采用下列手段。

1. 空气浴

空气浴是利用热空气间接加热,对于沸点在 80 ℃ 以上的液体均可采用。

把容器放在石棉网上加热是最简单的空气浴。但是,受热仍不均匀,故不能用于回流低沸点、易燃的液体或者减压蒸馏。

半球形的电热套是属于比较好的空气浴,因为电热套中的电热丝是被玻璃纤维包裹着的,比较安全,一般可加热至 400 ℃。电热套主要用于回流加热,不宜用于蒸馏或减压蒸馏,因为在蒸馏过程中随着容器内试剂逐渐减少,会使容器壁过热。电热套有多种规格,取用时要与容器的大小相适应。

2. 水浴

当加热的温度不超过 100 ℃ 时,最好使用水浴加热,水浴为较常用的热浴。但是,需要强调的是,当用于钾和钠的操作时,决不能在水浴中进行。

使用水浴时,勿使容器触及水浴器壁或其底部。

如果加热温度稍高于 100 ℃,可选用适当无机盐类的饱和水溶液作为热溶液。例如:饱和 NaCl 水溶液的沸点 109 ℃、饱和 $MgSO_4$ 水溶液的沸点 108 ℃、饱和 KNO_3 水溶液的沸点 116 ℃、饱和 $CaCl_2$ 水溶液的沸点 180 ℃ 等。

由于水浴中的水会不断蒸发,应当适时添加热水,使水浴中水面保持稍高于容器内的液面。总之,使用液体热浴时,热浴的液面应略高于容器中的液面。

3. 油浴

油浴适用于反应温度为 100～250 ℃ 有机实验,其优点是使反应物受热均匀,反应物的温度一般低于油浴液20 ℃ 左右。

常用的油浴液有:

(1)甘油,可以加热到 140～150 ℃,温度过高时会分解。

(2)植物油,如菜籽油、蓖麻油和花生油等,可以加热到 220 ℃,常加入 1% 对苯二酚等抗氧化剂,便于久用,温度过高时会分解,达到闪点时可能燃烧,所以,使用时要小心。

(3)石蜡,能加热到 200 ℃ 左右,冷却到室温时凝成固体,保存方便。

(4)液状石蜡,可以加热到 200 ℃ 左右,温度稍高并不分解,但较易燃烧。

用油浴加热时,要特别小心,防止着火,当油受热冒烟时,应立即停止加热。油浴中应挂一支温度计,可以观察油浴的温度和有无过热现象,便于调节火焰控制温度。油量不能过多,否则受热后有溢出而引起火灾的危险。使用油浴时要极力防止产生可能引起油浴燃烧的因素。

加热完毕取出反应容器时,仍用铁夹夹住反应容器使其离开液面悬置片刻,待容器壁上附着的油滴完后,用纸和干布揩干。

4. 酸液

常用的酸液为浓硫酸,可加热至 250～270 ℃,当加热至 300 ℃左右时浓硫酸会分解,产生白烟,若适当加入硫酸钾,则加热温度可升到 350 ℃左右。例如:70% 的浓硫酸(比重1.84)与 30% 的硫酸钾混合液加热温度可达 325 ℃,而 60% 的浓硫酸与 40% 的硫酸钾混合液加热温度可达 365 ℃。

上述混合物冷却时,会成半固体或固体,因此,温度计应在液体未完全冷却前取出。

5. 砂浴

砂浴一般是用铁盆装的干燥的细海砂(或河砂),把反应容器半埋砂中加热。加热沸点在 80 ℃以上的液体时可以采用,特别适用于加热温度在 220 ℃以上者,但砂浴的缺点是传热慢,温度上升慢,且不易控制,因此,砂层要薄一些。砂浴中应插入温度计,温度计水银球要靠近反应器。

6. 金属浴

选用适当的低熔合金,可加热至 350 ℃左右。一般不超过 350 ℃,否则,合金将会迅速氧化。

2.2.2　冷却

在有机化学实验中,有些操作需要进行冷却,在一定的低温条件下进行反应、分离、提纯等。例如:

(1)某些反应要在特定的低温条件下,才有利于有机物的生成,如重氮化反应一般在0～5 ℃进行。

(2)沸点很低的有机化合物,冷却可减少损失。

(3)要加速结晶的析出。

(4)高度真空蒸馏装置(一般有机化学实验很少使用)。

根据不同的要求,选用适当的冷却剂冷却,最简单的是用水和碎冰的混合物,可冷却至0～5 ℃,它比单纯用冰块的冷却效能高。因为冰水混合物与容器的器壁接触更充分。

若在碎冰中加入适量的盐,可得到冰盐混合冷却剂,温度可降至 0 ℃以下,例如:普通常用的食盐与碎冰的混合物(33∶100),其温度可由始温 −1 ℃降至 −21.3 ℃。但在实际操作中,温度约为 −5 ～ −18 ℃。冰盐浴不宜用大块的冰,而且要按比例将食盐均匀撒在碎冰上,这样冰冷效果才好。

除上述冰浴或冰盐浴外,若无冰时,可用某些盐溶于水吸热作为冷却剂使用,参阅表2-1及表 2-2。

表 2-1　用两种盐及水(冰)组成的冷却剂

盐类	用量/g	盐类	用量/g	温度/℃	
				始温	冷冻
每 100 g 水					
NH_4Cl	31	KNO_3	20	+20	-7.2
NH_4Cl	24	$NaNO_3$	53	+20	-5.8
NH_4NO_3	79	$NaNO_3$	61	+20	-14
每 100 g 冰					
NH_4Cl	26	KNO_3	13.5		-17.9
NH_4Cl	20	$NaCl$	40		-30.0
NH_4Cl	13	$NaNO_3$	37.5		-30.1
NH_4NO_3	42	$NaCl$	42		-40.0

表 2-2　用一种盐及水(冰)组成的冷却剂

盐类	用量/g	温度/℃	
		始温	冷冻
每 100 g 水			
KCl	30	+13.6	+0.6
$CH_3COONa \cdot 3H_2O$	95	+10.7	-4.7
NH_4Cl	30	+13.3	-5.1
$NaNO_3$	75	+13.2	-5.3
NH_4NO_3	60	+13.6	-13.6
$CaCl_2 \cdot 6H_2O$	167	+10.0	-15.0
每 100 g 冰			
NH_4Cl	25	-1	-15.4
KCl	30	-1	-11.1
NH_4NO_3	45	-1	-16.7
$NaNO_3$	50	-1	-17.7
$NaCl$	33	-1	-21.3
$CaCl_2 \cdot 6H_2O$	204	0	-19.7

【思考题】

(1)什么情况下不能用空气浴加热？

(2)哪些物质可作为油浴的溶液？

(3)使用油浴时,应该注意些什么？

(4)砂浴加热的温度范围是多少？

(5)在什么情况下要采用冷却？

2.3　化学药品的干燥

有机化合物的干燥方法分为物理法(不加干燥剂)和化学法(加入干燥剂)两种。

物理法如吸收、分馏、冷冻等,近年来还常用离子交换树脂和分子筛进行脱水干燥。

在实验室中常用化学干燥法,其特点是在有机液体中加入干燥剂,干燥剂与水起化学反应(例如 $Na+H_2O \longrightarrow NaOH+H_2\uparrow$)或同水结合生成水化物,从而除去有机液体所含的水分,达到干燥的目的。用这种方法干燥时,有机液体中所含的水分不能太多(一般在百分之几以下),否则,必须使用大量的干燥剂,同时有机液体因被干燥剂带走而造成的损失也较大。

2.3.1 液体的干燥

1.常用干燥剂

常用干燥剂的种类很多,选用时必须注意下列几点:(1)干燥剂与有机化合物应不发生任何化学变化,对反应也无催化作用;(2)干燥剂应不溶于有机液体;(3)干燥剂应干燥速度快,吸水量大,价格便宜。

常用干燥剂有下列几种:

(1)无水氯化钙。它价廉、吸水能力强,是最常用的干燥剂之一,与水化合可生成一、二、四或六水化合物(在30 ℃以下)。它只适于烃类、卤代烃、醚类等有机化合物的干燥,不适于醇、胺和某些醛、酮、酯等有机化合物的干燥,因为能与它们形成络合物,也不宜用作酸(或酸性液体)的干燥剂。

(2)无水硫酸镁。它是中性盐,不与有机化合物和酸性物质发生反应。可作为各类有机化合物的干燥剂,它与水生成 $MgSO_4 \cdot 7H_2O$(48 ℃以下)。其价较廉,吸水量大,可用于不能用无水氯化钙来干燥的有机化合物。

(3)无水硫酸钠。它和无水硫酸镁相似,价廉,但吸水能力和吸水速度都差一些。与水结合生成 $NaSO_4 \cdot 10H_2O$(37 ℃以下)。当有机化合物水分较多时,常先用本品处理后再用其他干燥剂处理。

(4)无水碳酸钾。它的吸水能力一般,与水生成 $K_2CO_3 \cdot 2H_2O$,作用慢,可用于干燥醇、酯、酮、腈类等中性有机化合物和生物碱等一般的有机碱性物质。但不适用于干燥酸、酚,以及其他酸性物质。

(5)金属钠。醚、烷烃等有机化合物用无水氯化钙或硫酸镁等处理后,若仍含有微量的水分时,可加入金属钠(切成薄片或压成丝)除去。不宜用作醇、酯、酸、卤烃、醛、酮及某些胺等能与碱起反应或易被还原的有机化合物的干燥剂。

现将各类有机化合物的适用干燥剂列于表 2-3。

表 2-3 有机化合物的适用干燥剂

液态有机化合物	适用的干燥剂
醚类、烷烃、芳烃	$CaCl_2$、Na、P_2O_5
醇类	K_2CO_3、$MgSO_4$、Na_2SO_4、CaO
醛类	$MgSO_4$、Na_2SO_4
酮类	$MgSO_4$、Na_2SO_4、K_2CO_3
酸类	$MgSO_4$、Na_2SO_4
酯类	$MgSO_4$、Na_2SO_4、K_2CO_3
卤代烃	$CaCl_2$、$MgSO_4$、Na_2SO_4、P_2O_5
有机碱类(胺类)	$NaOH$、KOH

2. 液态有机化合物的干燥操作

液态有机化合物的干燥操作一般在干燥的三角烧瓶内进行。把按照条件选定的干燥剂投入液体里,塞紧(用金属钠作干燥剂时除外,此时塞中应插入一个无水氯化钙管,使氢气放空而水气不致进入)瓶塞,振荡片刻,静置,使所有的水分全被吸去。干燥时所用干燥剂的颗粒应适中,颗粒太大,表面积小,加入的干燥剂吸水量不大;如呈细粉状,吸水后易呈糊状,使分离困难。干燥得好的液体,外观上是澄清透明的,但使用前应滤去其中的干燥剂。

2.3.2 固体的干燥

从重结晶得到的固体中常带有水分或有机溶剂,应根据有机化合物的性质选择适当的方法进行干燥。

1. 自然晾干

这是最简便、最经济的干燥方法。把要干燥的有机化合物先放在滤纸上面压平,然后在一张滤纸上面薄薄地摊开,用另一张滤纸覆盖起来,在空气中慢慢地晾干。

2. 加热干燥

对于热稳定的固体可以放在烘箱内烘干,加热的温度切忌超过该固体的熔点,以免固体变色和分解,如需要,可在真空恒温干燥箱中干燥。

3. 红外线干燥

红外线干燥的特点是穿透性强、干燥快。

4. 干燥器干燥

某些易分解、易升华、易吸湿或有刺激性的有机化合物需在干燥器中干燥。干燥器有普通干燥器和真空干燥器两种。干燥时,根据样品中要除去的溶剂选择好干燥剂,放在干燥器的底部。如要除去水,可选用五氧化二磷;要除去水或酸,可选用生石灰;要除去水和醇,可选用无水氯化钙,要除去乙醚、氯仿、四氯化碳、苯等,可选用石蜡片。

真空干燥器上配有活塞,可用来抽气。抽气通常采用水泵,在抽气过程中,其外围最好能用布裹住,以确保安全。

2.3.3 气体的干燥

气体的干燥主要用吸附法。吸附法具体有两种方式。

(1)用吸附剂吸水。吸附剂是指对水有较大亲和力,但不与水形成化合物,且加热后可重新使用的物质,如氧化铝、硅胶等。前者吸水量可达其质量的 $15\%\sim25\%$;后者可达其质量的 $20\%\sim30\%$。

(2)用干燥剂吸水。装干燥剂的仪器一般有干燥管、干燥塔、U 形管及各种形式的洗气瓶。其中干燥管、干燥塔、U 形管装固体干燥剂,洗气瓶装液体干燥剂。根据待干燥气体的性质、潮湿程度、反应条件及干燥剂的用量可选择不同仪器。一般气体干燥时所用的干燥剂如表 2-4 所示。

表 2-4　常用气体干燥剂及可干燥的气体

干燥剂	可干燥的气体
CaO、NaOH、KOH、碱石灰	NH_3 类
无水 $CaCl_2$	H_2、HCl、CO_2、SO_2、N_2、O_2、低级烷烃、醚、烯烃、卤代烃
P_2O_5	H_2、CO_2、SO_2、N_2、O_2、烷烃、乙烯
浓 H_2SO_4	H_2、HCl、CO_2、N_2、Cl_2
$CaBr_2$、$ZnBr_2$	HBr

为使干燥效果更好,应注意以下几点:①用无水氯化钙、生石灰干燥气体时,均应用颗粒而不用粉末,以防吸潮后结核堵塞;②用气体洗气瓶时,应注意进出管口不能接错,并调好气体流速,不宜过快;③干燥完毕,应立即关闭各通路,以防吸潮。

【思考题】

(1)有机化合物的干燥方法有哪两类? 化学干燥剂的干燥原理是什么?

(2)干燥液体有机化合物时,如何选择干燥剂? 什么是干燥剂的吸水容量和干燥效能?

(3)常用的液体有机化合物干燥剂有哪些? 干燥醇类化合物可选用哪些干燥剂?

(4)固体有机化合物的干燥方法有哪些? 常用的干燥器有哪些? 使用时应注意哪些问题?

2.4　简单玻璃工操作

2.4.1　玻璃管的截断

玻璃管的截断操作有两步,第一步是锉痕,第二步是折断。锉痕用的工具是小三角钢锉,如果没有小三角钢锉,可用新敲碎的瓷碎片。锉痕的操作是:把玻璃管平放在桌子的边缘上,左手的拇指按住玻璃管要截断的地方,右手执小三角钢锉,把小三角钢锉的棱边放在要截断的地方,用力锉出一道凹痕,凹痕约占管周的 1/6,锉痕时只向一个方向即向前或向后锉去,不能来回拉锉。

当锉出了凹痕之后,下一步就是把玻璃管折断,两手分别握住凹痕的两边,凹痕向外,两个拇指分别按在凹痕的前面的两侧,用力急速轻轻一压带拉,就在凹痕处折成二段,如图2-1所示。为了安全起见常用棉布包住玻璃管,同时尽可能远离眼睛,以免玻璃碴伤人。

(1)锉痕　　　　　　(2)持管　　　　　　(3)截断

图 2-1　玻璃管的截断方法

玻璃管的断口很锋利,容易划破皮肤,又不易插入塞子的孔道中,所以,要把断口在火焰上烧平滑。

2.4.2　玻璃管的弯曲

有机化学实验中常用到弯曲的玻璃管,它是将玻璃管放在火焰中加热至一定温度,使其逐渐变软,然后离开火焰,在短时间内进行弯曲至所需要的角度而得的。

弯曲的玻璃管弯制的操作如图2-2所示,双手持玻璃管,手心向外把需要弯曲的地方放在火焰上预热,然后放进鱼尾形的火焰中加热,受热的部分约宽5 cm,在火焰中使玻璃管缓慢、均匀而不停地向同一个方向转动。如果两个手用力不均匀,玻璃管就会在火焰中扭歪,造成浪费。当玻璃管受热至足够软化时(玻璃管色变黄)可从火焰中取出,逐渐弯成所需要的角度。为了保持管径的大小不变,两手持玻璃管在火焰中加热时尽量不要往外拉。在弯成角度之后,从管口轻轻吹气,弯好的玻璃管应尽量在同一平面内,然后放在石棉板上自然冷却,不能立即与冷的物体接触,例如,不能放在实验台的瓷板上,因为骤冷会使已弯好的玻璃管破裂。

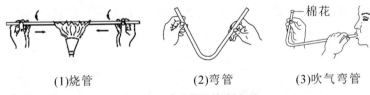

(1)烧管　　　　　　(2)弯管　　　　　　(3)吹气弯管

图 2-2　玻璃管的弯制方法

检查弯制好的玻璃管的外形,如图2-3(1)所示的为合格,如图2-3(2)、(3)、(4)所示的为不合格。图2-3(1)为操作正确的,均匀平滑;图2-3(2)为加热不够的,里外扁平;图2-3(3)为吹气不够的,里面扁平;图2-3(4)为烧时外拉的,中间细小。

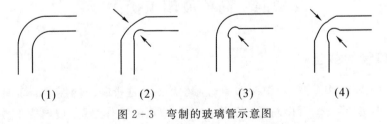

(1)　　　　　(2)　　　　　(3)　　　　　(4)

图 2-3　弯制的玻璃管示意图

2.4.3　拉毛细管

将用来拉毛细管的玻璃管洗净干燥,根据需要裁取一定长度(一般 15～20 cm)。一只手捏住玻璃管,另一只手托住另一端,将玻璃管平置于煤气灯上。先用小火加热,然后逐渐加大火焰(这样可以避免爆裂)。加热的位置应在煤气灯的氧化焰即外焰上,边加热,边向同一方向转动。转动时玻璃管不要上下、左右、前后移动,使加热处的玻璃管四周受热均匀。玻璃管略微变软后,更要注意两手的转动方向和速度,以免玻璃管绞曲。当玻璃管发黄变软时,即可从火焰中取出准备拉丝(注意:拉玻璃管时一定要离开火焰)。拉玻璃管时双手要同时握住玻璃管,同方向旋转,水平地向两边拉开。开始拉时要慢一些,然后再较快的拉长。拉好后,两手不能马上松开,尚需继续转动,直至完全变硬定型。待中间部位冷却后,放在石棉网上。拉出来的细管子应和原来的玻璃管在同一轴上,不能歪斜。

2.4.4　玻璃管插入塞子

先用水或甘油润湿选好的玻璃管的一端(如插入温度计时即水银球部分),然后左手拿住塞子右手指捏住玻璃管的那一端(距管口约 4 cm),如图 2-4 所示,稍稍用力转动逐渐插入,必须注意,右手指捏住玻璃管的位置与塞子的距离应保经常保持 4 cm 左右,不能太远;其次,用力不能过大,以免折断玻璃管刺破手掌,用好用布包住玻璃管较为安全。插入或者拔出弯曲管时,手指不能捏在弯曲的地方。

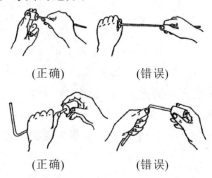

(正确)　　　　　　　(错误)

(正确)　　　　　　　(错误)

2-4　把玻璃管插入塞子的操作方法

【思考题】

(1)截断玻璃管时要注意哪些问题?怎样弯曲和拉细玻璃管?在火焰上加热玻璃管时怎样才能防止玻璃管拉歪?

(2)弯曲和拉细玻璃管时软化玻璃管的温度有什么不同?为什么要不同呢?弯制好了的曲玻璃管如果立即和冷的物件接触会发生什么不良的后果?应该怎样才能避免?

(3)把玻璃管插入塞子孔道中时要注意些什么?怎样才不会割破手呢?拔出时怎样操作才会安全?

(4)玻璃管加工完毕后为什么要进行退火处理?

2.5　回　流

在室温下,大部分有机化学反应速度很慢或难于进行。为了使反应尽快地进行,常常需要使反应物较长时间保持沸腾。在这种情况下,就需要使用回流冷凝装置,使蒸汽不断地在冷凝管内冷凝而返回反应器中,以防止反应瓶中物质逸出损失。图 2-5(1)是最简单的回流冷凝装置。将反应物质放在圆底烧瓶中,在适当的热源上或热浴中加热。直立的冷凝管夹套中自下而上通入冷水,使夹套内充满水,水流速度不必太快,能保持蒸汽充分冷凝即可。加热的程度也需要控制,使蒸汽上升的高度不超过冷凝管的1/3即可。

如果怕反应物受潮,可在冷凝管上端口处接氯化钙干燥管来防止空气中的湿气侵入[如图2-5(2)所示]。有些反应发生时非常剧烈,放热多,如将反应物一次加入,会使反应失去控制,在这种情况下,可采用带滴液漏斗的回流冷凝装置[如图2-5(3)和(4)所示],将一种试剂逐渐滴加进去。

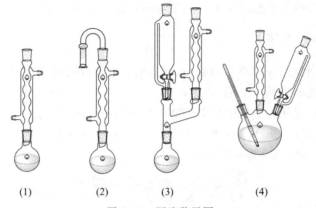

(1)　　　　(2)　　　　(3)　　　　(4)

图2-5　回流装置图

如果反应时会放出有害气体(如溴化氢等),可加接气体吸收装置。气体的吸收装置很简单,可以用倒置在吸附剂表面上的锥形漏斗[如图2-6(1)所示]使气体与吸附剂接触,锥形漏斗口与吸附剂液面相切,也可以采用图2-6(2)、(3)、(4)的吸收装置。图2-6(1)、(2)、(3)适用于少量气体的吸收,2-6(4)用于较多量气体的吸收。

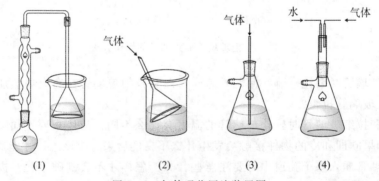

(1)　　　　(2)　　　　(3)　　　　(4)

图2-6　气体吸收回流装置图

进行某些可逆平衡性质的有机化学反应时,为了使正反应进行到底,可将反应产物之一不断从反应产物体系中除去。图2-7是常用来进行这种操作的实验装置。在图2-7(1)的装置中反应产物可单独或形成恒沸物不断在反应过程中蒸馏出去,并可通过滴液漏斗将一种试剂滴加进去以控制反应速度。在图2-7(2)的装置中,有一个分水器,回流下来的蒸汽冷凝液进入分水器,分层后有机层自动被送回烧瓶,而生成的水可从分水器放出去,这样可使某些生成水的可逆反应进行到底。

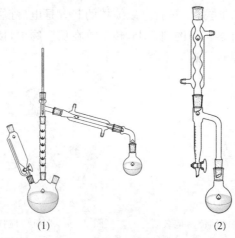

　　　　　　　　　(1)　　　　　　　　　　　　　　(2)

图 2 - 7　可除去产物回流装置图

　　在装配实验装置时,使用的玻璃仪器和配件应该是洁净干燥的。使用圆底烧瓶或三口烧瓶时,反应物大约占烧瓶容量的 1/3 至 1/2,最多不超过 2/3。安装回流装置时,按照先下后上的原则进行。首先,将烧瓶固定在合适的高度(下面可以放加热设备),然后逐一安装上冷凝管和其他配件,调整冷凝管的中心线与圆底烧瓶的中心线在一条直线上,每件大的仪器都要用夹子牢固地夹住,不宜太松或太紧。金属夹子不可与玻璃直接接触,应套上橡皮管、粘上石棉垫或缠上石棉绳。需要加热的仪器,应夹住仪器受热最少的位置(如圆底烧瓶靠近瓶口处),冷凝管则应夹住其中央部位。

　　进行回流操作时,应先通入冷凝水,然后加热。冷凝水要下进上出,水流速度应能充分冷凝蒸汽,回流的速度控制在液体蒸汽浸润不超过冷凝管下端的 2 个球为宜。

【思考题】

　　(1)在有机化学实验中,什么情况下利用回流反应装置?

　　(2)如何操作回流反应装置?

2.6　振荡和搅拌

　　用固体和液体或互不相溶的液体进行反应时,为了使反应混合物能充分接触,应该进行强烈的搅拌或振荡。在反应物量小、反应时间短,而且不需加热或温度不太高的实验中,用手摇动容器就可达到充分混合的目的。用回流冷凝装置进行反应时,有时需作间歇的振荡。这时可将固定烧瓶和冷凝管的夹子暂时松开,一只手扶住冷凝管,另一只手拿住瓶颈做圆周运动;每次振荡后,应把仪器重新夹好;也可用振荡整个铁台的上方(这时夹子应夹牢)使容器内的反应物充分混合。

　　在需要较长时间进行搅拌的实验中,最好用电动搅拌器或电磁搅拌器。搅拌可以保证两相的充分接触、混合和被滴加原料的快速、均匀分散,避免或减少因局部过浓、过热而引起的副反应。

　　当反应混合物固体量少且反应混合物不是很黏稠时,可采用电磁搅拌,图 2 - 8 是滴加液体的电磁搅拌回流反应装置。电磁搅拌是利用电动机来变换磁体的磁极方向,以遥控磁性转子旋转达到搅拌目的的方式。进行电磁搅拌的装置是电磁搅拌器(磁力搅拌器)。使用时,将反应物容器放在搅拌器机箱的圆盘上,转子放在反应物中,接通电源后,容器内的转子就能转动,转动的速度可通过调速器来调节。

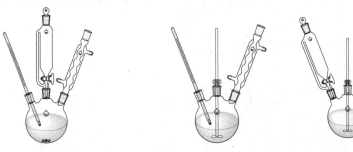

图 2-8　带电磁搅拌的回流反应装置　　　图 2-9　带机械搅拌的回流反应装置

当反应混合物固体量很大或反应混合物很黏稠,利用电磁搅拌不能获得理想搅拌效果时,就需要采用电动机械搅拌。电动机械搅拌是利用电机带动各种型号的搅拌棒进行搅拌。图 2-9 是适合不同需要的机械搅拌装置。在装配机械搅拌装置时,可采用简单的橡皮管密封或液封管密封。用液封管密封时,搅拌棒与玻璃管或液封管应配合合适,不要太紧也不要太松,搅拌棒能在中间自由地转动;封管中装液状石蜡、甘油、汞或浓硫酸。对于没有特别要求的反应装置,选用橡皮管密封更为方便、简捷,容易操作;用橡皮管密封时,在搅拌棒和紧套的橡皮管之间用少量的凡士林或甘油润滑。

机械搅拌器不能超负荷使用,否则电机过热易烧毁。使用时必须接上地线,平时要注意保养机械搅拌器,要保持其清洁干燥,要防潮防腐蚀。

鉴于有机化学的实际情况,所使用的搅拌棒要耐酸碱、耐腐蚀和耐高温等,一般采用玻璃或包覆聚四氟乙烯的不锈钢等材料制成。

【思考题】
(1)搅拌的方法有哪些?
(2)机械搅拌器主要包括哪三部分?

2.7　有机化合物物理常数的测定

有机化合物的物理常数包括有机化合物的熔点、沸点、折射率、比旋光度等。

实验一　沸点的测定(微量法)

一、实验目的
(1)了解有机化合物沸点的概念、测定的原理及意义。
(2)掌握微量法测定沸点的操作技术。

二、基本原理
液体分子由于分子运动有从表面逸出的倾向,这种倾向随着温度的升高而增大,进而在液面上部形成蒸汽。当分子由液体逸出的速度与分子由蒸汽中回到液体中的速度相等时,液面上的蒸汽达到饱和,称为饱和蒸汽。它对液面所施加的压力称为饱和蒸汽压。实验证明,液体的蒸汽压只与温度有关,即液体在一定温度下具有一定的蒸汽压。

当液体的蒸汽压增大到与外界施于液面的总压力(通常是大气压力)相等时,就有大量气泡从液体内部逸出,即液体沸腾,这时的温度称为液体的沸点。

通常所说的沸点是指在101.3 kPa下液体沸腾时的温度。在一定外压下,纯液体有机化合物都有一定的沸点,而且沸点距也很小(0.5~1 ℃)。所以测定沸点是鉴定有机化合物和判断物质纯度的依据之一。但是具有固定沸点的液态有机物不一定都是纯的有机物,因为某些有机物常与其他组分形成二元或三元的共沸混合物,它们也有一定的沸点。测定沸点常用的方法有常量法(蒸馏法)和微量法(沸点管法)两种。使用沸点管法测沸点时,沸点管的主要组成部分有外管、内管和提勒管,提勒管也称 b 形管。加热时,b 形管中溶液呈对流循环,温度较为均匀。

三、仪器与试剂

仪器:150 ℃温度计、橡皮管、提勒管、毛细管、酒精灯等。

试剂:无水乙醇。

四、实验装置

提勒管测定沸点的装置如图 2 - 10 所示。

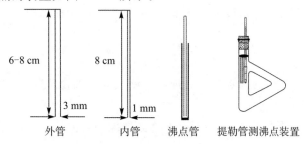

外管　　　内管　　沸点管　提勒管测沸点装置

图 2 - 10　提勒管测定沸点装置

五、实验步骤

1. 沸点管的制备

沸点管由外管和内管组成,外管用长 7~8 cm、内径 0.2~0.3 cm 的玻璃管将一端烧熔封口制得,内管用市购的毛细管封其一端而成。封口时用酒精灯外焰加热,毛细管与外焰呈40°角转动,防止毛细管烧弯。测量时将内管开口向下插入外管中。

2. 测定方法

1)装液

取 4~5 滴待测样品无水乙醇滴入沸点管的外管中,将内管开口向下插入外管中,然后用小橡皮圈把沸点管附于温度计旁,小橡皮圈不能浸入导热液中,使装样品的中心位于温度计水银球的中部,再使该温度计的水银球位于提勒管上下两叉管中间。

2)测定

将热浴慢慢地加热,使温度均匀地上升。当温度达到比沸点稍高的时候,可以看到从内管中有一连串的小气泡不断地逸出。停止加热,让热浴慢慢冷却。当液体开始不冒气泡并且气泡将要缩入内管时的温度即为液体的沸点,记录下这一温度。这时液体的蒸气压和外界大气压相等。待浴液温度下降 15~20 ℃后,可重新加热再测两次(3 次测量所得温度数值不得相差±1 ℃)。

六、数据记录与计算

测定沸点次数	第一次	第二次	第三次
无水乙醇沸点 / ℃			
平均值 / ℃			

七、注意事项

(1)加热浴液应高于提勒管的上支管口,加热不能太快,待测液体不宜太少,以防样品全部汽化。

(2)内管里的空气要尽量赶尽,正式测定前,让沸点内管里有大量气泡冒出,以此带出空气。

(3)观察要仔细及时。

(4)重新测定时应待导热液降温 15~20 ℃再测定下一次样品的沸点。各次测定误差不超过±1℃。

八、思考题

(1)什么叫沸点?液体的沸点和大气压有什么关系?文献里记载的某物质的沸点是否即为你所测的沸点温度?

(2)用微量法测定沸点时,把最后一个气泡刚欲缩回管内的瞬间温度作为该化合物的沸点,为什么?

实验二　熔点的测定

一、实验目的

(1)掌握熔点的测定原理及微量法测定熔点的方法。

(2)学会使用显微熔点仪。

二、实验原理

纯净的固体化合物一般都有固定的熔点,化合物的熔点是指在常压下该物质的固-液两相达到平衡时的温度。但通常把晶体物质受热后由固态转化为液态时的温度作为该化合物的熔点。

固液两态之间的变化是非常敏锐的,自初熔至全熔(熔点范围称为熔程或熔距),温度差不超过 0.5~1 ℃。如果该物质含有杂质,其熔点往往比不含杂质的更低,且熔程也较长。因此,根据熔程的长短可定性地检验化合物的纯度。这对于纯净固体化合物的鉴定,具有很大的价值。有机化合物熔点一般不超过 350 ℃,较易测定,故可用测定熔点来鉴别未知有机物和判断有机物的纯度。

熔点的测定方法有多种,如毛细管法、双浴式熔点测定器法、显微熔点测定仪法、数字熔点测定仪法等,这里主要介绍显微熔点测定仪法。

三、仪器与试剂

仪器:X-5 型显微熔点测定仪。

试剂:尿素、肉桂酸。

四、仪器构造及测定原理

图 2-11 是 X-5 型显微熔点测定仪的构造,显微熔点测定仪不仅可测微量样品的熔点,还可测高熔点(高至 350 ℃)样品的熔点,可通过放大镜观察样品在加热过程中的变化,如结晶水的失去、多晶的变化及化合物的分解等。

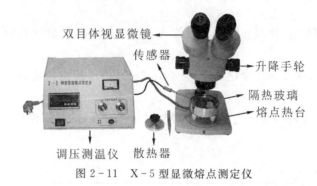

图 2-11 X-5 型显微熔点测定仪

五、实验步骤

1. 仪器校正

新购置的仪器在使用前首先应进行烘干(接通电源即可),然后用熔点标准品对仪器进行校正,修正值供以后精密测量时作为修正依据。

(1)将待测物品进行干燥处理:把待测物品研细,放在干燥塔内,用干燥剂干燥,或者用烘箱直接快速烘干,但温度应控制在待测物品的熔点温度以下。

(2)用醮有乙醚(或乙醚与酒精混合液)的脱脂棉,将载玻片擦拭干净。

(3)把加热台的电源线接入调压器的输出端,并将加热台的接地端接地。开关打到加热位置,从显微镜中观察热台中心光孔是否处于视场中,若左右偏,可左右调节显微镜来解决。前后不居中,可以松动热台两旁的两只螺钉,注意不要拿下来,只要松动就可以了,然后前后推动热台上下居中即可,锁紧两只螺钉。在做推动热台时,为了防止热台烫伤手指,把波段开关和电位器扳到编号最小位置,即逆时针旋到底。

(4)将测温仪的感温棒轻轻插入加热台的感温插孔内,到底即可,若其位置不对,将影响测量准确度。

(5)取适量待测物品(不大于 0.1 mg),放在干净的载玻片上,盖上载玻片,轻轻压实,然后放置在热台面的中心位置。

(6)盖上隔热玻璃。

(7)松开显微镜的升降手轮,参考显微镜的工作距离,上下调节显微镜,直到从目镜中能看到熔点热台中央的待测物品轮廓时锁紧该手轮;然后调节调焦手轮,直到能清晰地看到待测物品的图像为止。

(8)打开调压测温仪的电源开关。

2. 测样

(1)根据被测物品的熔点温度值,设置上限温度,控制调温手钮 1 或 2,以其在达到被测物品熔点前的升温过程中,前段(距熔点 40 ℃左右)升温迅速(全部最高电压加热)、中段(距熔点 10 ℃左右)升温减慢,后段(距熔点 10 ℃以下)升温平稳(约每分钟升温 1 ℃)。

(2)观察待测物品从初熔到全熔化过程。当待测物品全部熔化时(此时晶核完全消失)立即读出温度计示值,此值即为该待测物品的熔点,完成一次测试。

(3)如需要重复测试时,将散热器放在热台上,使温度降至熔点值 40 ℃以下时,放入样品,即可重新测试。

(4)进行精密测量时,应对实测值进行修正,并测试数次,计算平均值,其精度可控制在±0.5 ℃。

(5)测量完毕后,应及时切断电源,待热台冷却后,将仪器按规定装入包装箱内,存放在干燥的地方。

(6)用过的载玻片可用醮有乙醚(或乙醚与酒精混合液)的脱脂棉将载玻片擦拭干净,以备下次测试使用。

六、数据记录

样品名称	样品编号	初熔温度/℃	全熔温度 / ℃	熔程 / ℃
肉桂酸	样品 1			
	样品 2			
尿素	样品 1			
	样品 2			
混合物	样品 1			
	样品 2			

七、注意事项

仪器在长途运输及仓库存放时,应用防潮物品(塑料袋等)包裹,装入木箱用板卡定,箱内应塞满软质填料以防震动。仪器存放的地方要干燥,空气中不应含有腐蚀性气体。

八、思考题

(1)为什么测熔点过程中不同的阶段要进行升温速度的调节?

(2)为什么待测样品要进行干燥处理?

实验三　折光率的测定

一、实验目的

(1)了解阿贝折射仪测定折光率的基本原理。

（2）掌握液体有机化合物折光率的测定方法。

二、实验原理

由于光在不同介质中传播的速度不同，所以光线从一个介质进入另一个介质时，由于传播速度改变，传播方向也发生改变（只要入射光的方向与两个介质间的界面不垂直），这种现象称为光的折射现象。

光线在空气中的速度（$v_空$）与它在液体中的速度（$v_液$）之比为该液体的折光率（n）。

$$n = v_空 / v_液$$

根据斯内尔定律，一个介质的折光率，就是光线从真空进入这个介质时的入射角与折射角的正弦之比，该比值即为该介质的绝对折光率。通常测定的折光率，都是以空气作为比较的标准，如图 2-12 所示。

$$n = v_空 / v_液 = \sin\alpha / \sin\beta$$

α 是入射光（空气中）与界面垂线之间的夹角（入射角），β 是折射光（在液体中）与界面垂线之间的夹角（折射角）。入射角正弦与折射角正弦之比等于介质 B 对介质 A 的相对折光率，用单色光要比白光测得的折光率更为精确，所以测定折光率时要用钠光（波长 $\lambda=589.3$ nm）。

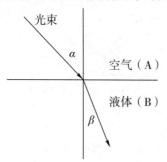

图 2-12　光线的折射

化合物的折光率与它的结构及入射光线的波长、温度、压力等因素有关。通常大气压变化的影响不明显，只有在精密的测定工作中，才需要考虑压力因素。所以，在测定折光率时必须注明所用的光线和温度，常用 n_D^t 表示。D 是以钠光灯的 D 线（589 nm）作光源，常用的折光仪虽然是用白光作光源，但用棱镜系统加以补偿，实际测得的仍为钠光 D 线的折射率。t 是测定折射率时的温度。例如 $n_D^{20}=1.3320$ 表示 20 ℃时，该介质对钠光灯的 D 线折光率为 1.3320。

一般地讲，当温度增高 1 ℃时液体有机化合物的折光率就减少 $3.5 \times 10^{-4} \sim 5.5 \times 10^{-4}$，某些有机化合物，特别是测定折光率时的温度与其沸点相近时，其温度系数可达 7×10^{-4}。为了便于计算，一般采用 4×10^{-4} 为其温度变化系数。这个是粗略计算，当然会带来误差，为了精确起见，一般折光仪应配有恒温装置。表 2-5 是不同温度下纯水和乙醇的折光率。

表 2-5　不同温度下纯水和乙醇的折光率

温度/℃	18	20	24	28	32
水的折光率	1.33317	1.33299	1.33262	1.33219	1.33164
乙醇的折光率	1.36129	1.36048	1.35885	1.35721	1.35557

折光率是有机化合物最重要的物理常数之一,它能精确而方便地测定出来。作为液体物质纯度的标准,它比沸点更为可靠。折光率的测定,常用的是阿贝折光仪。阿贝折光仪操作简便、容易掌握,是有机化学实验室的常用仪器,主要用途为:测定所合成的已知化合物折光率与文献值对照,可作为鉴定有机化合物纯度的一个标准;合成未知化合物,经过结构及化学分析确证后,测得的折光率可作为一个物理常数记载;将折光率作为检测原料、溶剂、中间体及最终产品纯度的依据之一,一般多用于液体有机化合物折光率的测定。

三、仪器与试剂

仪器:阿贝折光仪。

试剂:丙酮、无水乙醇、蒸馏水。

四、仪器构造及测定原理

图 2-13 是阿贝折光仪的构造图,其构成原理如图 2-14 所示。

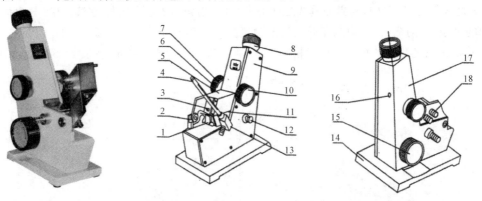

1—反目镜;2—转轴;3—遮光板;4—温度计;5—进光棱镜座;6—色散调节手轮;
7—色散值刻度圈;8—目镜;9—盖板;10—手轮;11—折射棱镜座;12—照明刻度盘镜;
13—温度计座;14—底座;15—刻度调节手轮;16—小孔;17—壳体;18—恒温器接头。

图 2-13　阿贝折光仪构造图

反射镜　　　两面棱镜　　　消色散装置　　　目镜

图 2-14　阿贝折光仪的构成原理图

当光线由介质 A 进入介质 B,如果介质 A 对于介质 B 是疏物质,即 $n_A < n_B$ 时,则折射角 β 必小于入射角 α,当入射角 α 为 90°时,$\sin\alpha = 1$。这时折射角达到最大值,称为临界角,用 β_0 表示。在一定条件下,β_0 也是一个常数,它与折光率的关系是:

$$n = 1 / \sin\beta_0$$

可见,通过测定临界角 β_0 就可以得到折光率,这就是通常所用阿贝折光仪的基本光学原理。

为了测定 β_0 值,阿贝折光仪采用了"半明半暗"的方法,就是让单色光由 0~90°的所有角度从介质 A 射入介质 B,这时在介质 B 中临界角以内的整个区域均有光线通过,因而是明亮的,而临界角以外的全部区域没有光线通过,因而是暗的,明暗两区域的界线十分清楚。

如果在介质 B 上方用目镜观察,就可看见一个界线十分清晰的半明半暗的像。

五、实验步骤

1.清洗与校准

将折光仪与恒温水浴相连,调节所需温度,通常为 20～25℃。恒温后,打开直角棱镜的闭合旋钮,用脱脂棉取少量丙酮清洗上下镜面。注意不得来回擦拭或以手接触镜面。镜面再晾干后备用。

在开始测定前必须用重蒸馏水校正。其方法是首先打开棱镜,将 1～2 滴重蒸馏水慢慢均匀地置于磨砂面棱镜上,切勿使滴管尖端直接接触镜面,以防造成划痕;然后关紧棱镜,转动左右刻度盘,使读数镜内标尺读数等于重蒸馏水的折光率($n_D^{20} = 1.33299$,$n_D^{25} = 1.3325$),调节反射镜,使入射光进入棱镜组,从测量望远镜中观察,使视场最亮,调节测量镜,使视场最清晰。转动消色调节器,消除色散,再用特制的小旋子旋动右面镜筒下方的方形螺旋,使明暗界线和"十"字交叉重合。

2.样品测定

(1)加样:松开锁钮,开启辅助棱镜,使其磨砂的斜面处于水平位置,用滴定管加小量丙酮清洗镜面,促使难挥发的污染物逸出,用滴定管时注意勿使管尖碰撞镜面。必要时可用擦镜纸轻轻吸干镜面,但切勿用滤纸。待镜面干燥后,滴加 2～3 滴试样于辅助棱镜的毛镜面上,闭合辅助棱镜,旋紧锁钮。若试样易挥发,则可在两棱镜接近闭合时从加液小槽中加入,然后闭合两棱镜,锁紧锁钮。

(2)对光:转动手柄,使刻度盘标尺上的示值为最小,于是调节反射镜,使入射光进入棱镜组,同时从测量望远镜中观察,使视场最亮。调节目镜,使视场准丝最清晰。

(3)粗调:转动手柄,由 1.3000 开始向前转动(量程为从 1.30000 至 1.70000,精密度为 0.0001),使刻度盘标尺上的示值逐渐增大,直至观察到视场中出现彩色光带或黑白临界线为止。

(4)消色散:转动消色散手柄,使视场内呈现一个清晰的明暗临界线。

(5)精调:转动手柄,使临界线正好处在 X 形准丝交点上,若此时又呈微色散,必须重调消色散手柄,使临界线明暗清晰。调节过程在目镜看到的图像颜色变化如图 2-15 所示。

消色散前　　　　　消色散后　　　　　读数视场

图 2-15　阿贝折射仪视场

(6)读数:为保护刻度盘的清洁,现在的折光仪一般都将刻度盘装在罩内,读数时先打开罩壳上方的小窗,使光线射入,然后从读数望远镜中读出标尺上相应的示值,估读至小数点后第四位。由于人的眼睛在判断临界线是否处于准丝点交点上时,容易疲劳,为减少偶然误差,应转动手柄,重复测定三次,三个读数相差不能大于 0.0002,然后取其平均值。样品的成分对折光率的影响是极其灵敏的,由于污染或样品中易挥发组分的蒸发,致使样品组分发生微小的改变,会导致读数不准,因此测一个样品须应重复取三次样,测定这三个样品的数据,再取其平均值。

(7)维护:①仪器应置放于干燥、空气流通的室内,以免光学零件受潮后生霉。②测试腐蚀性液体后,应及时做好清洗工作(包括光学零件、金属零件以及油漆表面),防止侵蚀损坏。仪器使用完毕清洗后,应放入木箱内。木箱内应存有干燥剂(变色硅胶)以吸收潮气。③经常保持仪器清洁,严禁油手或汗手触及光学零件。④仪器应避免强烈振动或撞击,以防止光学零件损伤及影响精度。

六、数据记录与计算

分别测定不同液体样品的折光度,并记录测定结果。

样品种类	折光度			
	读数1	读数2	读数3	平均读数
丙酮				
无水乙醇				
乙酸乙酯				

七、注意事项

(1)阿贝折光仪在使用前后,棱镜均需用丙酮或乙醚洗净,并干燥之。滴管或其他硬物均不得接触镜面。擦洗镜面时只能用丝巾或擦镜纸吸干液体,不能用力擦,以防将毛玻璃面擦花。

(2)折光仪不能放在日光直射或靠近热源的地方,以免样品迅速蒸发。仪器应避免强烈振动或撞击,以防光学零部件损伤及影响精度。

(3)酸、碱等腐蚀性液体不得使用阿贝折光仪测其折光率,可使用浸入式折光仪测定。

(4)应待镜面洁净,溶剂干后才能加样测定,否则会影响测定结果。

(5)待测液体加得过少或分布不均时,视野明暗线不清晰,应补加样品。

八、思考题

(1)折光仪的工作原理是什么?

(2)什么叫折光率?物质的折光率与哪些因素有关?测定有机化合物折光率的意义是什么?

(3)折光率随什么因素而改变?测定某一物质的折光率时应注意哪些条件?

(4)为什么液体的折射率不会小于1?

(5)某油脂,实验时温度为15 ℃,测得折光率为1.4660,求油脂在20 ℃时的折光率。

实验四　旋光度的测定

一、实验目的

(1)了解旋光仪测定旋光度的基本原理。

(2)掌握用旋光仪测定溶液或液体物质的旋光度的方法。

二、实验原理

只在一个平面上振动的光叫作平面偏振光,简称偏振光。物质能使偏振光的振动平面旋转的性质,称为旋光性或光学活性。具有旋光性的物质,叫作旋光性物质或光学活性物质。旋光性物质使偏振光的振动平面旋转的角度叫作旋光度。许多有机化合物,尤其是来自生物体内的大部分天然产物,如氨基酸、生物碱和碳水化合物等,都具有旋光性。这是由于它们的分子结构具有手性所造成的。因此,旋光度的测定对于研究这些有机化合物的分子结构具有重要的作用,此外,旋光度的测定对于确定某些有机反应的反应机理也是很有意义的。

物质的旋光度与测定时所用溶液的浓度、样品管长度、温度、所用光源的波长及溶剂的性质等因素有关。因此,常用比旋光度$[\alpha]$来表示物质的旋光性。当光源、温度和溶剂固定时,比旋光度等于溶液浓度为 1 g/mL、样品管长度为 1 dm 时的物质的旋光度。像熔点、沸点、折光率一样,比旋光度是一个只与分子结构有关的表征旋光性物质特征的物理常数,它对鉴定旋光性化合物有重要意义。溶液的比旋光度与旋光度的关系为:

$$[\alpha]_D^t = \frac{\alpha}{c \times L}$$

式中$[\alpha]_D^t$为比旋光度;t为测定时的温度(℃);D 表示钠光灯的 D 线(波长 $\lambda = 589.3$ nm);α 为观测的旋光度;c 为溶液的浓度,以 g/mL 为单位;L 为样品管的长度,以 dm 为单位。

如果被测定的旋光性物质为纯液体,可直接装入样品管中进行测定,这时,比旋光度可由下式求出:

$$[\alpha]_D^t = \frac{\alpha}{\rho \times L}$$

式中 ρ 为纯液体的密度(g/mL)。

利用上述公式,由测得的旋光度和物质的浓度(或密度)可计算出物质的比旋光度。由比旋光度可按下式求出样品的光学纯度(OP)。光学纯度的定义是:旋光性产物的比旋光度除以光学纯试样在相同条件下的比旋光度。

$$光学纯度(OP) = \frac{[\alpha]_D^t \text{ 观测值}}{[\alpha]_D^t \text{ 理论值}} \times 100\%$$

另外,还可由比旋光度计算出对映体在其混合物中的百分含量。设一对对映体分别为 X 和 Y,它们在混合物中所占的百分含量可按下式计算:

$$\begin{cases} X\% = \left(\dfrac{1 + \dfrac{[\alpha]_D^t \text{ 观测值}}{[\alpha]_D^t \text{ 理论值}}}{2}\right) \times 100\% \\ Y = 1 - X \end{cases}$$

三、仪器与试剂

仪器:WXG - 4 小型旋光仪。

试剂:葡萄糖、果糖、蒸馏水。

四、仪器构造及测定原理

测定溶液或液体的旋光度的仪器称为旋光仪,其仪器构造如图 2 - 16 所示,常用的旋光仪主要由光源、起偏镜、样品管(也叫旋光管)和检偏镜几部分组成。光源为炽热的钠光灯,其发出波长为 589.3 nm 的单色光(钠光)。起偏镜是由两块光学透明的方解石黏合而成的,也叫尼科尔棱镜,其作用是使自然光通过后产生所需要的平面偏振光。样品管充装待测定的旋光性液体或溶液,其长度有 1 dm 和 2 dm 等几种。当偏振光通过盛有旋光性物质的样品管后,因物质的旋光性使偏振光不能通过第二个棱镜(检偏镜),必须将检偏镜扭转一定角度后才能通过,因此要调节检偏镜进行配光。由装在检偏镜上的标尺盘上移动的角度,可指示出检偏镜转动的角度,该角度即为待测物质的旋光度。使偏振光平面顺时针方向旋转的旋光性物质叫作右旋体,逆时针方向旋转的物体叫作左旋体。

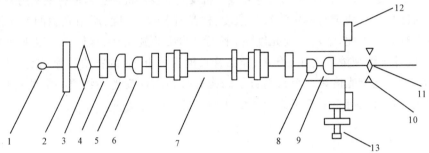

1—光源; 2—毛玻璃; 3—聚光镜; 4—滤色镜; 5—起偏镜; 6—半波片; 7—试管; 8—检偏镜;
9—物、目镜组; 10—读数放大器; 11—调焦手轮; 12—度盘与游标; 13—度盘转动手轮

图 2-16　WXG-4 小型旋光仪光学系统构造

WXG-4 旋光仪工作原理如图 2-17 所示。首先,将起偏镜与检偏镜的偏振化方向调到正交,我们观察到视场最暗;然后,装上待测旋光溶液的试管,因旋光溶液的振动面的旋转,视场变亮,为此调节检偏镜,再次使视场调至最暗,这时检偏镜所转过的角度,即为待测溶液的旋光度。

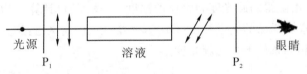

图 2-17　WXG-4 旋光仪的工作原理

由于人们的眼睛很难准确地判断视场是否全暗,因而会引起测量误差。为此该旋光仪采用了三分视场的方法来测量旋光溶液的旋光度。从旋光仪目镜中观察到的视场分为三个部分,中间部分和两边部分。一般情况下,中间部分和两边部分的亮度不同。当转动检偏镜时,中间部分和两边部分将出现明暗交替变化。图 2-18 中列出四种典型情况,即图 2-18(1)所示中间为暗区,两边为亮区;图 2-18(2)所示三分视界消失,视场较暗;图 2-18(3)所示中间为亮区,两边为暗区;图 2-18(4)所示三分视界消失,视场较亮。

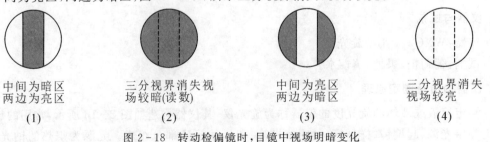

中间为暗区 两边为亮区	三分视界消失视 场较暗(读数)	中间为亮区 两边为暗区	三分视界消失 视场较亮
(1)	(2)	(3)	(4)

图 2-18　转动检偏镜时,目镜中视场明暗变化

由于在亮度不太强的情况下,人眼辨别亮度微小差别的能力较大,所以常取图 2-18(2) 所示的视场为参考视场,并将此时检偏镜的位置作为刻度盘的零点,故称该视场为零度视场。

当放进了待测旋光液的试管后,由于溶液的旋光性,使偏振光的振动面旋转了一定角度,使零度视场发生了变化,只有将检偏镜转过相同的角度,才能再次看到图 2-18(2) 所示的视场,这个角度就是旋光度,它的数值可以由刻度盘和游标上读出。

为了操作方便,把整个仪器的光学系统以 50° 倾角安装在基座上,光源用 50 W 钠光灯。检偏镜与刻度盘连接在一起,利用手轮可作精细转动。本旋光仪采用的是双游标读数,以消除刻度盘的中心偏差。刻度盘分度 360 格,每格 1°,游标分 20 格,它和刻度盘 19 格等长,故仪器的精密度为 0.05°。如图 2-19 所示,游标 0 刻度指在度盘 9 与 10 格之间,且游标第 6 格与度盘某一格完全对齐,故其读数为 $\alpha = +(9.00° + 0.05° \times 6) = 9.30°$。仪器游标窗前方装有两块 4 倍的放大镜,供读数时用。

图 2-19 仪器的双游标读数

五、实验步骤

1.样品管的充填

将样品管一端的螺帽旋下,取下玻璃盖片,然后将管竖直,管口朝上。用滴管注入待测溶液或蒸馏水至管口,并使溶液的液面凸出管口。小心将玻璃盖片沿管口方向盖上,把多余的溶液挤压溢出,使管内不留气泡,盖上螺帽。管内如有气泡存在,需重新装填。装好后,将样品管外部拭净,以免污染仪器的样品室。

2.仪器零点的校正和半暗位置的识别

接通电源并打开光源开关,5～10 min 后,钠光灯发光正常(黄光),才能开始测定。通常在正式测定前,均需校正仪器的零点,即将充满蒸馏水的样品管放入样品室,旋转粗调钮和微调钮至目镜视野中三分视场的明暗程度完全一致(较暗),再按游标尺原理记下读数,如此重复测定三次,取其平均值即为仪器的零点值。

3.样品旋光度的测定

将充满待测样品溶液的样品管放入旋光仪内,旋转粗调和微调旋钮,使达到半暗位置,按游标尺原理记下读数,重复三次,取平均值,即为旋光度的观测值,由观测值减去零点值,即为该样品真正的旋光度。例如,仪器的零点值为 -0.05°,样品旋光度的观测值为 +9.85°,则样品真正的旋光度为 $\alpha = +9.85° - (-0.05°) = +9.90°$。

4.测定项目

(1)分别用长 1 dm 和 2 dm 样品管测定 2 g/100 mL 果糖溶液的旋光度,计算其比旋光度,比较其结果。

（2）用长 1 dm 或 2 dm 样品管测定浓度未知的葡萄糖溶液的旋光度,由文献查比旋光度,计算其浓度。

六、结果与计算

1）测定零位误差

1/°	2/°	3/°	平均值/°

2）测定旋光溶液的比旋光度

试管长度 L/dm	浓度 c /(g/mL)	读数			平均值/°	旋光度/°	溶液比旋光度 $(° \cdot mL \cdot dm^{-1} \cdot g^{-1})$
		1/°	2/°	3/°			

3）测量糖溶液的浓度

试管长度 L/dm	读数			平均值	旋光度/°	溶液浓度 c /(g/100mL)
	1/°	2/°	3/°			

七、注意事项

（1）溶液注满试管后,旋上螺帽,两端不能有气泡,螺帽不宜太紧,以免玻璃窗受力而发生双折射,从而引起误差。

（2）试管两端均应擦干净方可放入旋光仪。

（3）在测量中应维持溶液温度不变。

（4）试管中溶液不应有沉淀,否则应更换溶液。

（5）旋光仪连续使用时间不宜超过 4 h。如果使用时间较长,中间应关停 10～15 min,待钠光灯自然冷却后再继续使用,或用电风扇为其吹风降温。

（6）旋光仪停用时,应将塑料套套上。装箱时,应按固定位置放入箱内并压紧。

八、思考题

（1）测量糖溶液浓度的基本原理?

（2）什么叫左旋物质和右旋物质? 如何判断?

（3）旋光仪的工作原理是什么?

（4）为什么在样品测定前要检查旋光仪的零点?

（5）若测得某物质的比旋光度为 +18°,如何确定其是 +18° 还是 +342°?

（6）一个外消旋体的光学纯度是多少?

(7)若用长 2 dm 的样品管测定某光学纯物质的比旋光度为＋20°,试计算具有 80％光学纯度的该物质的溶液(20 g/mL)的实测旋光度是多少?

(8)测定旋光度时为什么样品管内不能有气泡存在?

2.8　液体化合物的分离与提纯

在实际生产和生活中,经常会遇到两种以上组分的分离问题。例如,某物料经过化学反应,产生一个既有生成物又有反应物及副产物的液体混合物。为了得到纯的生成物,若反应后的混合物是均相的,常采用蒸馏(或精馏)的方法将它们分离,若反应后的混合物是非均相的,可采用萃取的方法分离。

实验五　简单蒸馏

一、实验目的

(1)了解普通蒸馏的应用范围。

(2)熟练掌握普通蒸馏装置的安装和使用方法。

二、实验原理

通过简单蒸馏可以将两种或两种以上挥发度不同的液体分离,这几种液体的沸点应相差 30 ℃以上。

液体混合物之所以能用蒸馏的方法加以分离,是因为组成混合液的各组分具有不同的挥发度。例如,在常压下,苯的沸点为 80.1 ℃,而甲苯的沸点为 110.6 ℃。若将苯和甲苯的混合液在蒸馏瓶内加热至沸腾,溶液部分被汽化。此时,溶液上方蒸气的组成与液相的组成不同,沸点低的苯在蒸气相中的含量增多,而在液相中的含量减少。因而,若部分汽化的蒸气全部冷凝,就得到易挥发组分含量比蒸馏瓶内残留溶液中所含易挥发组分含量高的冷凝液,从而达到分离的目的。同样,若将混合蒸气部分冷凝,正如部分汽化一样,则蒸气中易挥发组分增多。这里强调的是部分汽化和部分冷凝,若将混合液或混合蒸气全部冷凝或全部汽化,那么,所得到的混合蒸气或混合液的组成不变。综上所述,蒸馏就是将液体混合物加热至沸腾,使液体混合物部分汽化,然后将蒸气通过冷凝又变为液体,从而使液体混合物分离,进而达到提纯的目的。

蒸馏过程分为三个阶段。第一阶段,加热后,蒸馏瓶内的混合液逐渐汽化,当液体的饱和蒸气压与施加给液体表面的外压相等时,液体沸腾。在蒸气未达到温度计水银球部位时,温度计读数不变。一旦水银球部位有液滴出现(说明体系正处于气、液平衡状态),温度计内水银柱急剧上升,直至接近易挥发组分沸点,水银柱上升变缓慢,开始有液体被冷凝而流出。我们将这部分流出液称为前馏分(或馏头)。由于这部分液体的沸点低于要收集组分的沸点,因此,应作为杂质丢弃掉。有时被蒸馏的液体几乎没有馏头,应将蒸馏出来的前滴液体作为冲洗仪器的馏头丢弃掉,不要收集到馏分中去,以免影响产品质量。

第二阶段,馏头蒸出后,温度稳定在沸程范围内,沸程范围越小,组分纯度越高。此时,流出来的液体称为馏分,这部分液体是所要的产品。随着馏分的蒸出,蒸馏瓶内混合液体的体积不断减少。直至温度超过沸程,即可停止接收。

第三阶段,如果混合液中只有一种组分需要收集,此时,蒸馏瓶内剩余液体应作为馏尾丢弃掉。如果是多组分蒸馏,第一组分蒸完后温度上升至第二组分沸程前流出的液体,既是第一组分的馏尾又是第二组分的馏头,当温度稳定在第二组分沸程范围内时,即可接收第二组分。如果蒸馏瓶内液体很少时,温度会自然下降。此时,应停止蒸馏。无论进行何种蒸馏操作,蒸馏瓶内的液体都不能蒸干,以防蒸馏瓶过热或有过氧化物存在而发生爆炸。

注意点:

(1)在常压下进行蒸馏时,由于大气压往往不恰好等于 101.325 kPa(760 mmHg),因此,严格地说,应该对温度加以校正。但一般偏差较小,因而可忽略不计。

(2)当液体中溶入其他物质时,无论这种溶质是固体、液体还是气体,无论其挥发性大还是小,液体的蒸气压总是降低的,因而所形成溶液的沸点也会有变化。

(3)在一定压力下,纯净的化合物,都有一个固定的沸点,但是具有固定沸点的液体不一定都是纯净化合物。因为当两种或两种以上的物质形成共沸物时,它们的液相组成和气相组成相同,因此在同一沸点下,它们的组成一样。这样的混合物用一般的蒸馏方法无法分离,具体方法见共沸蒸馏。

三、仪器与试剂

仪器:圆底烧瓶、直形冷凝管、蒸馏头、150 ℃温度计、接引管、锥形瓶、电热套。

试剂:95%乙醇。

四、实验装置

简单蒸馏装置由蒸馏瓶(长颈或短颈圆底烧瓶)、蒸馏头、温度计套管、温度计、直形冷凝管、接引管、接收瓶等组装而成,如图 2-20 所示。

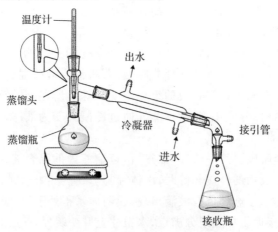

图 2-20　常量及半微量蒸馏装置

在装配过程中应注意:

(1)为了保证温度测量的准确性,温度计水银球的位置应放置在图 2-20 中所示的位置,即温度计水银球上限与蒸馏头支管下限在同一水平线上。

(2)任何蒸馏或回流装置均不能密封,否则,当液体蒸气压增大时,轻者蒸气冲开连接口,使液体冲出蒸馏瓶,重者会发生装置爆炸而引起火灾。

(3)安装仪器时,应首先确定仪器的高度,一般在铁夹台上放一块板,将电热套放在板上,再将蒸馏瓶放置于电热套中间,按自下而上,从左至右的顺序组装。仪器组装应做到横平竖直,铁夹台一律整齐地放置于仪器背后。

五、实验操作

1.加料

取下温度计和温度计套管,在蒸馏头上口放一个长颈漏斗,注意长颈漏斗下口处的斜面应超过蒸馏头支管,慢慢地将 20 mL95％乙醇倒入蒸馏瓶中。

2.加沸石

为了防止液体暴沸,再加入 2～3 粒沸石。沸石为多孔性物质,刚加入液体中小孔内有许多气泡,它可以将液体内部的气体导入液体表面,形成汽化中心。如加热中断,再热时应重新加入新沸石,因原来沸石上的小孔已被液体充满,不能再起汽化中心的作用。同理,分馏和回流时也要加沸石。

3.加热

在加热前,先检查仪器装配是否正确,原料、沸石是否加好,冷凝水是否通入,一切无误后再开始加热。开始加热时,电压可以调得略高一些,一旦液体沸腾,水银球部位出现液滴,开始控制调压器电压,以蒸馏速度每秒 1～2 滴为宜。蒸馏时,温度计水银球上应始终保持有液滴存在,如果没有,说明可能有两种情况:一是温度低于沸点,体系内气-液相没有达到平衡,此时,应将电压调高;二是温度过高,出现过热现象,此时,温度已超过沸点,应将电压调低。

4.馏分的收集

收集 76～80 ℃的馏分。收集时,应取下接收馏头的容器,换一个经过称量干燥的容器来接收馏分,即产物。当温度超过 80 ℃,停止接收。沸程越小,蒸出的物质越纯。

5.停止蒸馏

馏分蒸完后,如不需要接收第二组分,可停止蒸馏。先停止加热,将变压器调至零点,关掉电源,取下电热套。待稍冷却后馏出物不再继续流出时,取下接收瓶保存好产物,关掉冷却水,按先右后左、先上后下的原则拆除仪器并加以清洗。

六、注意事项

(1)蒸馏前应根据待蒸馏液体的体积,选择合适的蒸馏瓶。一般瓶内液体的体积量应不少于瓶体积的 1/3,不多于 2/3,蒸馏瓶越大产品损失越多。

(2)若在加热开始后发现没加沸石,应停止加热,待稍冷却后再加入沸石。千万不要在沸腾或接近沸腾的溶液中加入沸石,以免在加入沸石的过程中发生暴沸。

(3)接收器需要两个,一个接收低馏分,另一个接收产品的馏分。可用锥形瓶或圆底烧瓶。

(4)安装仪器步骤:一般是从下到上、从左(头)到右(尾),先难后易逐个的装配,蒸馏装置严禁安装成封闭体系;拆仪器时则相反,从尾到头,从上到下。

（5）对于沸点较低又易燃的液体，如乙醚，应用水浴加热，而且蒸馏速度不能太快，以保证蒸气全部冷凝。如果室温较高，接收瓶应放在冷水中冷却，在接引管支口处连接一根橡胶管，将未被冷凝的蒸气导入流动的水中带走。

（6）在蒸馏沸点高于 130 ℃的液体时，应用空气冷凝管。主要原因是温度高时，如用水作为冷却介质，冷凝管内外温差增大，而使冷凝管接口处局部骤然遇冷容易断裂。

七、思考题

（1）蒸馏时加入沸石的作用是什么？如果蒸馏前忘记加沸石，能否立即将沸石加至将近沸腾的液体中？当重新蒸馏时，用过的沸石能否继续使用？

（2）为什么蒸馏时最好控制馏出液的速度为 1～2 滴/秒为宜？

（3）如果液体具有恒定的沸点，那么能否认为它是单纯物质？

（4）为什么蒸馏系统不能密闭？

（5）什么情况下接收的为馏头、馏分和馏尾？

（6）为什么蒸馏时不能将液体蒸干？

（7）蒸馏时，温度计水银球上有无液滴意味着什么？

（8）拆、装仪器的程序是怎样的？

（9）向冷凝管通水是由下而上，反过来效果会怎样？把橡皮管套进冷凝管侧管时，怎样才能防止折断其侧管？

实验六　分馏

一、实验目的

（1）掌握分馏的基本原理和应用范围。

（2）掌握分馏柱的工作原理和常压下简单分馏的操作方法。

二、实验原理

如果将两种挥发性液体混合物进行蒸馏，在沸腾温度下，其气相与液相达成平衡，出来的蒸气中含有较多量易挥发物质的组分，将此蒸气冷凝成液体，其组成与气相组成相同（即含有较多的易挥发组分），而残留物中却含有较多量的高沸点组分（难挥发组分），这就是进行了一次简单的蒸馏。

如果将蒸气凝成的液体重新蒸馏，即又进行了一次气-液平衡，再度产生的蒸气中，所含的易挥发物质组分又有增多，同样，将此蒸气再经冷凝而得到的液体中，易挥发物质的组成当然更高，这样我们可以利用一连串的、有系统的重复蒸馏，最后能得到接近纯组分的两种液体。

应用这样反复多次的简单蒸馏，虽然可以得到接近纯组分的两种液体，但是这样做既浪费时间，又在重复多次蒸馏操作中的损失很大，设备复杂，所以，通常是利用分馏柱进行多次汽化和冷凝，这就是分馏。简言之，分馏即为反复多次的简单蒸馏。

在分馏柱内，当上升的蒸气与下降的冷凝液互凝相接触时，上升的蒸气部分冷凝放出热量使下降的冷凝液部分汽化，两者之间发生了热量交换，其结果是，上升蒸气中易挥发组分增加，而下降的冷凝液中高沸点组分（难挥发组分）增加，如果继续多次，就等于进行了多次的气-液平衡,即达到了多次蒸馏的效果。这样靠近分馏柱顶部易挥发物质的组分比率高,而在烧瓶里高沸点组分(难挥发组分)的比率高。分馏在实验室和工业生产中应用广泛,工业上常称为精馏。这样只要分馏柱足够高,就可将这种组分完全彻底分开。简单分馏主要用于分离两种或两种以上沸点相近且混溶的有机溶液。工业上的精馏塔就相当于分馏柱。

三、仪器与试剂

仪器:圆底烧瓶、韦氏分馏柱、蒸馏头、150 ℃温度计、直形冷凝管、接引管、锥形瓶。

试剂:沸石、95%乙醇。

四、实验装置

分馏装置与简单蒸馏装置类似,不同之处是在蒸馏瓶与蒸馏头之间加了一根分馏柱,如图 2-21 所示。分馏柱的种类很多,实验室常用韦氏分馏柱。半微量实验一般用填料柱,即在一根玻璃管内填上惰性材料,如玻璃、陶瓷或螺旋形、马鞍形等各种形状的金属小片。

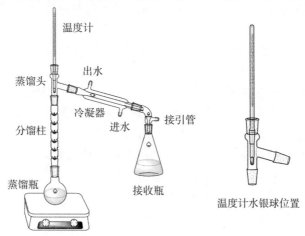

图 2-21 简单分馏装置

五、实验操作

简单分馏操作和蒸馏大致相同,要很好地进行分馏,必须注意下列几点:

(1)在分馏过程中,不论使用哪种分馏柱,都应防止回流液体在柱内聚集,否则会减少液体和蒸气接触面积,或者使上升的蒸气将液体冲入冷凝管中,达不到分馏的目的。为了避免这种情况的发生,需在分馏柱外包裹一定厚度的保温材料,以保证柱内具有一定的温度梯度,防止蒸气在柱内冷凝太快。当使用填充柱时,往往由于填料装得太紧或不均匀,造成柱内液体聚集,这时需要重新装柱。

(2)对分馏来说,在柱内保持一定的温度梯度是极为重要的。在理想情况下,柱底的温度与蒸馏瓶内液体沸腾时的温度接近。柱内自下而上温度不断降低,直至柱顶接近易挥发组分的沸点。一般情况下,柱内温度梯度的保持是通过调节馏出液速度来实现的,若加热速度快,蒸出速度也快,会使柱内温度梯度变小,影响分离效果。若加热速度慢,蒸出速度也慢,会使柱身被流下来的冷凝液阻塞,这种现象称为液泛。为了避免上述情况出现,可以通过控制回流比来实现。所谓回流比,是指冷凝液流回蒸馏瓶的速度与柱顶蒸气通过冷凝管流出速度的比值。回流比越大,分离效果越好。回流比的大小根据物系和操作情况而定,一般回流比控制在 4∶1,即冷凝液流回蒸馏瓶为每秒 4 滴,柱顶馏出液为每秒 1 滴。

(3)液泛能使柱身及填料完全被液体浸润,在分离开始时,可以人为地利用液泛将液体均匀地分布在填料表面,充分发挥填料本身的效率,这种情况叫作预液泛。一般分馏时,先将电压调得稍大些,一旦液体沸腾就应注意将电压调小,当蒸气冲到柱顶还未达到温度计水银球部位时,通过控制电压使蒸气保证在柱顶全回流,这样维持 5 分钟。再将电压调至合适的位置,此时,应控制好柱顶温度,使馏出液以每两三秒 1 滴的速度平稳流出。

【实验】将 15 mL95％乙醇和 15 mL 水(自来水)加入蒸馏瓶中,再加入 2 粒沸石。装好简单分馏装置,准备好备用接收器。开始加热,分别收集记录 76 ℃以下、76～83 ℃、83～94 ℃和 94 ℃以上的馏出液体积。以温度(T)为纵坐标,馏出液体积(V)为横坐标,绘制简单分馏曲线。

六、思考题

(1)分馏和蒸馏在原理及装置上有哪些异同? 如果是两种沸点很接近的液体组成的混合物能否用分馏来提纯呢?

(2)若加热太快,馏出液大于每滴 2～3 秒(每秒钟的滴数超过要求量),用分馏分离两种液体的能力会显著下降,为什么?

(3)在分离两种沸点相近的液体时,为什么装有填料的分馏柱比不装填料的效率高?

(4)什么叫共沸物? 为什么不能用分馏法分离共沸混合物?

(5)在分馏时通常用水浴或油浴加热,它有什么优点?

(6)如果改变温度计水银球的位置,测量的温度会有什么变化?

(7)为什么加热速度快,会使柱内温度梯度变小?

(8)为什么加热速度慢,会出现液泛现象?

(9)进行预液泛的目的是什么?

实验七 水蒸气蒸馏

一、实验目的

(1)学习水蒸气蒸馏的原理及其应用。

(2)认识水蒸气蒸馏的主要仪器,掌握水蒸气蒸馏的装置及其操作方法。

二、实验原理

水蒸气蒸馏是将水蒸气通入不溶于水的有机物中或使有机物与水经过共沸而蒸出的操作过程。水蒸气蒸馏是分离和纯化与水不相混溶的挥发性有机物常用的方法。水蒸气蒸馏也是分离和提纯有机化合物的常用方法,但被提纯的物质必须具备以下条件:(1)不溶或难溶于水;(2)与水一起沸腾时不发生化学变化;(3)在 100 ℃左右该物质蒸气压至少在 1.33 kPa 以上。

水蒸气蒸馏常用于下列几种情况:(1)在常压下蒸馏易发生分解的高沸点有机化合物;(2)用一般蒸馏、萃取或过滤等方法难以分离的含有较多固体的混合物;(3)用蒸馏、萃取等方法难以分离的含有大量树脂状物质或者不挥发性杂质的混合物。

根据分压定律:当水与有机化合物混合共热时,其总蒸气压为各组分分压之和。即:

$P = P_{H_2O} + P_A$，当总蒸气压（P）与大气压力相等时，则液体沸腾。有机物可在比其沸点低得多的温度，而且在低于 100 ℃ 的温度下随蒸汽一起蒸馏出来，这样的操作叫作水蒸气蒸馏。

馏出液组分的计算：

假定两组分是理想气体，则根据

$$PV = nRT = WRT / M$$

得

$$W_A / W_{H_2O} = M_A P_A / M_{H_2O} P_{H_2O}$$

例如：苯甲醛（b. p. 178 ℃），进行水蒸气蒸馏时，在 97.9 ℃ 沸腾。这时

$$P_{H_2O} = 703.5 \text{ mmHg}$$

$$P_{C_6H_5CHO} = 760 - 703.5 = 56.5 \text{ mmHg}, M_{C_6H_5CHO} = 106, M_{H_2O} = 18$$

代入上式得

$$W_{C_6H_5CHO} / W_{H_2O} = 106 \times 56.5 / 18 \times 703.5 = 0.473 \text{ g}$$

即每蒸出 0.473 g C_6H_5CHO，需蒸出水的量为 1 g，若蒸 10 mL C_6H_5CHO，需出水量（理论）：

$$10 \times 1.041 / 0.4733 = 10.41 / 0.473 = 22 \text{ mL}(H_2O)$$

即蒸馏 10 mL C_6H_5CHO，有 22 mL H_2O 被蒸出。这个数值为理论值，因为实验时有相当一部分水蒸气来不及与被蒸馏物做充分接触便离开了蒸馏瓶，同时苯甲醛微溶于水，所以实验蒸馏出的水量往往超过计算值，故计算值仅为近似值。

三、仪器与试剂

仪器：水蒸气发生器、250 mL 长颈圆底烧瓶、二口连接管、蒸馏头、150 ℃ 温度计、直形冷凝管、接引管、锥形瓶、T 形管、乳胶管、止水夹、分液漏斗等。

试剂：苯甲醛。

四、实验装置

水蒸气蒸馏装置是由水蒸气发生器和蒸馏装置两部分组合而成，如图 2 - 22 所示。水蒸气发生器一般用金属制成，也可以用短颈圆底烧瓶来代替。使用时在发生器内盛放约为容积 2/3 体积的水。发生器的上口通过塞子插入一根长玻璃管，作为安全管，安全管下端接近瓶底，根据水柱高低，可以观察内部蒸汽压变化情况，如果蒸汽导出不畅，安全管内的水柱会升高甚至冒出，可以及时进行调整。打开 T 形管上的止水夹，查找不畅原因。一般出现

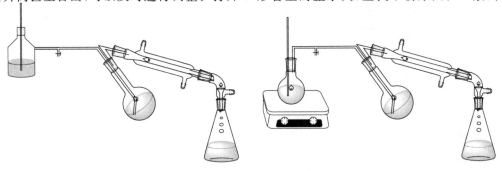

图 2 - 22 水蒸气蒸馏装置

不畅的原因有两种:一种是蒸汽在平放的导气管中冷凝,使气流不畅。只要打开止水夹,放掉冷凝的水,问题就可以得到解决。另一种是蒸馏物中有固体时,导气管末端被固体物质堵塞,引起气流不畅。解决的方法是打开止水夹,疏通导管。水蒸气发生器的出气导管通过 T 型管与蒸馏烧瓶上的蒸汽导入管相连。这段连接路程要尽可能短,以减少水蒸气的冷凝。T 型管的另一开口上套一段短橡皮管,用止水夹夹住。蒸汽导入管的下端要插入待蒸馏混合物的液面下,尽量靠近烧瓶底部。

五、实验操作

将待蒸馏物移入烧瓶,连好仪器,检查各接口处是否漏气。打开 T 形管上的止水夹,加热水蒸气发生器使水沸腾。当 T 型管的支管有蒸汽蒸出时,夹紧止水夹,使蒸汽通入蒸馏烧瓶,蒸馏开始。当待蒸馏物的温度升高到一定程度时,开始沸腾,不久有机物和水的混合蒸汽将被蒸出,经过冷凝管冷凝成乳浊液进入接收器。调节火焰,控制馏出速度为 2～3 滴/秒。如果 T 型管中充满了冷凝水,要及时打开 T 型管上的止水夹,把水放出去。如果蒸馏烧瓶中的冷凝水过多,可以在烧瓶底下用小火间接加热。在蒸馏过程中,要注意安全管中水柱的情况,如果出现不正常的水柱上升,应该立即打开 T 型管上的止水夹,移去热源,排除故障后方可继续进行蒸馏。

蒸馏完毕,先打开 T 型管上的止水夹,然后停止加热。如果不打开止水夹,就停止了加热,蒸馏烧瓶中的液体有可能会倒吸入蒸汽导管乃至水蒸气发生器中。

如果混合物只需少量水蒸气即可完全蒸出,也可采用另一种水蒸气蒸馏法。此方法是将水和有机物一起放在蒸馏瓶内,直接蒸馏。这一方法一般不适用于需要大量水蒸气的蒸馏,因为要大量水蒸气势必要在中途加水,或采用不相称的大烧瓶。

【实验】苯甲醛的水蒸气蒸馏。

(1)加料,在水蒸气发生器(圆底烧瓶)中加入约占容器 3/4 的水,并加入 2～3 粒沸石,蒸馏部分加入 5 mL 的苯甲醛。

(2)安装仪器,先打开 T 形管处的螺旋夹,加热水蒸气发生装置至沸腾,当有大量水蒸气产生从 T 形管冲出时,立即旋紧螺旋夹,水蒸气进入蒸馏部分,开始蒸馏。

(3)当馏液澄清、透明,不再有油状物体时,即可停止蒸馏,将馏液导入分液漏斗中,静置,分液,产品用量筒量取体积。

六、注意事项

(1)实验开始前必须检查实验装置的密闭性,避免漏气。

(2)接着需要检查实验容器的水容量,不能大于容积的 3/4。

(3)蒸馏的液体量不能超过烧瓶容积的 1/3。

(4)实验过程中,第一步需要打开 T 型管,此时加大蒸汽产生器,以此获得最大的蒸汽量。蒸汽量足够时,需要关闭 T 型管,立即打开冷凝器,对水蒸气进行蒸馏处理。

(5)时刻注意检查实验中的安全水面高度,避免超限漏水。

(6)实验结束后,先打开 T 型管放气,然后再关闭加热器。

七、思考题

(1)水蒸气蒸馏用于分离和纯化有机物时,被提纯物质应该具备什么条件?水蒸气发生器的通常盛水量为多少？

（2）安全玻管和 T 型管的作用是什么？

（3）蒸馏瓶所装液体体积应为瓶容积的多少？蒸馏中需停止蒸馏或蒸馏完毕后的操作步骤是什么？

（4）水蒸气蒸馏的基本原理是什么？

（5）如何判断水蒸气蒸馏的终点？

实验八　减压蒸馏

一、实验目的

（1）学习减压蒸馏的基本原理。

（2）掌握减压蒸馏的实验操作和技术。

二、实验原理

某些有机化合物特别是沸点较高的有机化合物，在其沸点附近易于受热分解、氧化或聚合，它们不适合用常压蒸馏的方法来分离纯化。此时，需要采用降低体系内的压力，以降低其沸点来达到蒸馏纯化的目的，这就是减压蒸馏。减压蒸馏是分离提纯有机化合物的一种重要基本操作。

液体有机化合物的沸点随外界压力的降低而降低，沸点与压力的关系可近似地用下式表示：

$$\lg P = A + B/T$$

式中：p——液体表面的蒸气压；

　　　　T——溶液沸腾时的热力学温度；

　　　　$A，B$——常数。

如果用 $\lg P$ 为纵坐标，$1/T$ 为横坐标，可近似得到一条直线。从二元组分已知的压力和温度，可算出 A 和 B 的数值，再将所选择的压力带入上式即可求出液体在这个压力下的沸点。但实际上许多物质的沸点变化是由分子在液体中的缔合程度决定的。表 2-6 给出了部分有机化合物在不同压力下的沸点。

表 2-6　某些有机化合物压力与沸点的关系

压力/Pa(mmHg)	各化合物沸点/℃					
	水	氯苯	苯甲醛	水杨酸乙酯	甘油	蒽
101 325(760)	100	132	179	234	290	354
6 665(50)	38	54	95	139	204	225
3 999(30)	30	43	84	127	192	207
3 332(25)	26	39	79	124	188	201
2 666(20)	22	34.5	75	119	182	194
1 999(15)	17.5	29	69	113	175	186
1 333(10)	11	22	62	105	167	175
666(5)	1	10	50	95	156	159

表 2-6 列出一些化合物在不同压力下的沸点,从表中可以粗略地看出,当压力降低到 2.666 kPa(20 mmHg)时,大多数有机化合物的沸点比常压下[101.3 kPa(760 mmHg)]的沸点低 100~120 ℃左右,当减压蒸馏在 1.333~3.332 kPa (10~25 mmHg)之间进行时,大体上压力每相差 0.1333 kPa (1 mmHg),沸点相差约 1 ℃。在进行减压蒸馏时,预先估计出相应的沸点对具体操作有一定的参考价值。

三、仪器与试剂

仪器:50 mL 克氏蒸馏瓶、蒸馏头、150 ℃温度计、直形冷凝管、安全瓶、油泵、真空接收管、水银压力计、干燥塔等。

试剂:苯甲醇、乙酸乙酯。

四、实验装置

图 2-23 是常用的减压蒸馏系统。整个系统可分为蒸馏、抽气(减压)以及在它们之间的保护和测压装置三部分组成。

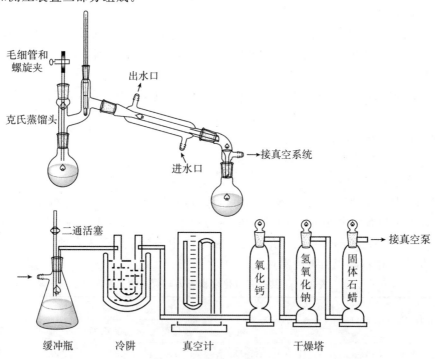

图 2-23 减压蒸馏装置

1. 蒸馏部分

这一部分与普通蒸馏相似,可分为三个组成部分。

(1)减压蒸馏瓶(又称克氏蒸馏瓶,也可用圆底烧瓶和克氏蒸馏头代替)有两个颈,其目的是为了避免减压蒸馏时瓶内液体由于沸腾而冲入冷凝管中,瓶的一颈中插入温度计,另一颈中插入一根距瓶底约 1~2 mm、末端拉成毛细管的玻管。毛细管的上端连有一段带螺旋夹的橡皮管,螺旋夹用以调节进入空气的量,使极少量的空气进入液体,呈微小气泡冒出,作为液体沸腾的气化中心,使蒸馏平稳进行,又起搅拌作用。

(2)冷凝管和普通蒸馏的相同。

(3)接液管(尾接管)和普通蒸馏不同的是,接液管上具有可供接抽气部分的小支管。蒸馏时,若要收集不同的馏分而又不中断蒸馏,则可用两尾或多尾接液管。转动多尾接液管,就可使不同的馏分进入指定的接收器中。

2. 抽气装置

实验室通常用水泵或油泵进行减压。

水泵(或水循环泵):所能达到的最低压力为当时室温下水蒸气的压力。若水温为 6~8 ℃,水蒸气压力为 0.93~1.07 kPa;在夏天,若水温为 30 ℃,则水蒸气压力为 4.2 kPa。

油泵:油泵的效能决定于油泵的机械结构以及真空泵油的好坏。好的油泵能抽至真空度为 13.3 Pa。油泵结构较精密,工作条件要求较严。蒸馏时,如果有挥发性的有机溶剂、水或酸的蒸气,都会损坏油泵。因为挥发性的有机溶剂蒸气被油吸收后,就会增加油的蒸气压,影响真空效能。而酸性蒸气会腐蚀油泵的机件。水蒸气凝结后与油形成浓稠的乳浊液,破坏了油泵的正常工作,因此使用时必须十分注意油泵的保护。一般使用油泵时,系统的压力常控制在 0.67~1.33 kPa 之间,因为在沸腾液体表面要获得 0.67 kPa 以下的压力比较困难。这是由于蒸气从瓶内的蒸发面逸出而经过瓶颈和支管(内径为 4~5 mm)时,需要有 0.13~1.07 kPa 的压力差,如果要获得较低的压力,可选用短颈和支管粗的克氏蒸馏瓶。

3. 保护和测压装置

当用油泵进行减压蒸馏时,为了防止易挥发的有机溶剂、酸性物质和水汽进入油泵,必须在馏液接收器与油泵之间顺次安装缓冲瓶、冷阱、真空压力计和几个吸收塔。缓冲瓶的作用是缓冲系统与空气相通,上面装有一个两通活塞。冷阱的作用是将蒸馏装置中冷凝管没有冷凝的低沸点物质捕集起来,防止其进入后面的干燥系统或油泵中。冷阱中冷却剂的选择随需要而定。例如可用冰-水、冰-盐、干冰、丙酮等冷冻剂。吸收塔(又称干燥塔)通常设三个:第一个装无水 $CaCl_2$ 或硅胶,吸收水汽;第二个装粒状 NaOH,吸收酸性气体;第三个装切片石蜡,吸收烃类气体。

实验室通常利用水银压力计来测量减压系统的压力。水银压力计又有开口式水银压力计、封闭式水银压力计。

五、实验操作

被蒸馏的液体中若含有低沸点物质时,通常先进行普通蒸馏,再进行水泵减压蒸馏,而油泵减压蒸馏应在水泵减压蒸馏后进行。

按照图 2-23 安装好减压蒸馏装置后,在蒸馏瓶中,加入待蒸液体(不超过容量的 1/2),先旋紧橡皮管上的螺旋夹,打开安全瓶上的二通活塞,使体系与大气相通,启动油泵抽气,逐渐关闭二通活塞至完全关闭,注意观察瓶内的鼓泡情况(如发现鼓泡太剧烈,有冲料危险,立即将二通活塞旋开些),从压力计上观察体系内的真空度是否符合要求。如果是因为漏气(而不是油泵本身效率的限制)而不能达到所需的真空度,可检查各部分塞子、橡皮管和玻璃仪器接口处连接是否紧密,必要时可用熔融的固体石蜡密封。

如果超过所需的真空度,可小心地旋转二通活塞,使其慢慢地引进少量空气,同时注意观察压力计上的读数,调节体系真空度到所需值(根据沸点与压力关系)。

调节螺旋夹,使液体中有连续平衡的小气泡产生,如无气泡,可能是螺旋夹夹得太紧,应旋松点;但也可能是毛细管已经阻塞,应予更换。

在系统调节好真空度后,开启冷凝水,选用适当的热浴(一般用油浴)加热蒸馏,蒸馏瓶圆球部至少应有 2/3 浸入油浴中,在油浴中放一温度计,控制油浴温度比待蒸液体的沸点高 20~30 ℃,使每秒钟馏出 1~2 滴。在整个蒸馏过程中,都要密切注意温度计和真空计的读数,及时记录压力和相应的沸点值,根据要求,收集不同馏分。通常起始流出液比要收集的物质沸点低,这部分为前馏分,应另用接收器接收;在蒸至接近预期的温度时,只要旋转双叉尾接管,就可换个新接收瓶接收需要的物质。

蒸馏完毕,移去热源,慢慢旋开螺旋夹(防止倒吸),再慢慢打开二通活塞,平衡内外压力,使测压计的水银柱慢慢地回复原状(若打开得太快,水银柱很快上升,有冲破测压计的可能),然后关闭油泵和冷却水。

【实验】

1. 乙酰乙酸乙酯的蒸馏

市售的乙酰乙酸乙酯中常含有少量的乙酸乙酯、乙酸和水,由于乙酰乙酸乙酯在常压蒸馏时容易分解产生水和乙酸,故必须通过减压蒸馏进行提纯。表 2-7 列出了不同压力下乙酰乙酸乙酯的沸点。

表 2-7　乙酰乙酸乙酯沸点与压力的关系

压力/mmHg*	760	80	60	40	30	20	18	14	12
沸点 /℃	181	100	97	92	88	82	78	74	71

* 1 mmHg≈133 Pa。

纯粹乙酰乙酸乙酯的沸点为 180.4 ℃,折光率 $n_D^{20} = 1.4192$。

在 50 mL 蒸馏瓶中,加入 20 mL 乙酰乙酸乙酯,按减压蒸馏装置图装好仪器,通过上述减压蒸馏操作进行纯化。

2. 粗制苯甲醇进行纯化

苯甲醇的沸点为 205.4 ℃,沸点较高,为防止其在高温下氧化或碳化,可采用减压蒸馏纯化。但粗制的苯甲醇中,含有一定量的水分和其他低沸点物质,故要先进行常压蒸馏和水泵预减压蒸馏,才能进行油泵减压蒸馏。

在 50 mL 梨形瓶中,加入 15 g 粗制的苯甲醇,加入几粒沸石,安装好常压蒸馏装置,进行常压蒸馏,收集低沸点物质,温度到 120 ℃时,停止蒸馏。换成减压蒸馏装置,用水泵再进行减压蒸馏,到 60 ℃以前无馏分蒸出为止。再换成油泵真空系统,按要求进行减压蒸馏,收集前馏分和预期温度前后两段温度范围的馏分,即为纯苯甲醇。称重,计算纯化过程的收率。

六、注意事项

(1)减压蒸馏时,蒸馏瓶和接收瓶均不能使用不耐压的平底仪器(如锥形瓶、平底烧瓶等)和薄壁或有破损的仪器,以防止由于装置内处于真空状态,外部压力过大而引起爆炸。

(2)减压蒸馏的关键是装置的密封性要好,因此在安装仪器时,应在磨口接头处涂抹少量凡士林,以保证装置密封和润滑。温度计一般用一小段乳胶管固定在温度计套管上,根据温度计的粗细来选择乳胶管内径,乳胶管内径略小于温度计直径较好。

(3)仪器装好后,应空试系统是否密封。具体方法:① 泵打开后,将安全瓶上的放空阀关闭,拧紧毛细管上的螺旋夹,待压力稳定后,观察压力计(表)上的读数是否到了最小或是否达到所要求的真空度。如果没有,说明系统漏气,应进行检查。② 检查方法:首先将真空接引管与安全瓶连接处的橡胶管折起来用手捏紧,观察压力计(表)的变化,如果压力马上下降,说明装置内有漏气点,应进一步检查装置,排除漏气点;如果压力不变,说明从安全瓶以后的系统漏气,应依次检查安全瓶和泵,并加以排除或请指导老师排除。③漏气点排除后,应再重新空试,直至压力稳定并且达到所要求的真空度时,方可进行下面的操作。

(4)减压蒸馏时,加入待蒸馏液体的量不能超过蒸馏瓶容积的1/2。待压力稳定后,蒸馏瓶内液体中有连续平稳的小气泡通过。如果气泡太大已冲入克氏蒸馏头的支管,则可能有两种情况:一是进气量太大,二是真空度太低。此时,应调节毛细管上的螺旋夹使其平稳进气。由于减压蒸馏时,一般液体在较低的温度下就可以蒸出,因此,加热不要太快。当馏头蒸完后转动真空接引管(一般用双股接引管,当要接收多组馏分时可采用多股接引管),开始接收馏分,蒸馏速度控制在每秒 1~2 滴。在压力稳定及化合物较纯时,沸程应控制在1~2 ℃范围内。

(5)停止蒸馏,应先将加热器撤走,打开毛细管上的螺旋夹,待稍冷却后,慢慢地打开安全瓶上的放空阀,使压力计(表)恢复到零的位置,再关泵。否则由于系统中压力低,会发生油或水倒吸回安全瓶或冷阱的现象。

(6)为了保护油泵系统和泵中的油,在使用油泵进行减压蒸馏前,应将低沸点的物质先用简单蒸馏的方法去除,必要时可先用水泵进行减压蒸馏。加热温度以产品不分解为准。

七、思考题

(1)具有什么性质的化合物需用减压蒸馏进行提纯?

(2)使用水泵减压蒸馏时,应采取什么预防措施?

(3)使用油泵减压时,要有哪些吸收和保护装置? 其作用是什么?

(4)当减压蒸完所要的化合物后,应如何停止减压蒸馏? 为什么?

(6)为什么减压蒸馏时,必须先抽真空后加热?

(7)请估计苯甲醛、苯胺、苯己酮在 1333 Pa (10 mmHg)下的沸点大约是多少?

实验九　液液萃取

一、实验目的

(1)掌握萃取的基本原理。

(2)掌握分液漏斗的使用方法。

二、实验原理

萃取是提取或提纯有机物的常用方法之一,是利用待萃取物在两种互不相溶的溶剂中溶解度或分配比的不同,使其从一种溶剂转移到另一种溶剂中从而与混合物分离的过程。应用萃取可以从固体或液体中提取出所需要的物质,也可以用来洗去混合物中少量杂质,通常称前者为"抽提"或"萃取",后者为"洗涤"。

萃取效率的高低取决于分配定律,即在一定温度、压力下,一种物质在两种互不相溶的溶剂"1""2"中的分配浓度之比是一常数。其关系式如下:

$$K = \frac{c_{1B}}{c_{2B}}$$

式中：K——常数,称为分配系数;

c_{1B}——溶质 B 在溶剂"1"中的质量浓度,单位:g/mL 或 g/L;

c_{2B}——溶质 B 在溶剂"2"中的质量浓度,单位:g/mL 或 g/L。

利用上式可计算出每次萃取后溶液中溶质的剩余量。

假设:m_0 为待萃取物质(溶质)的总质量,V 为原溶液的体积,m_1 为第一次萃取后待萃取物质在原溶液中的剩余量,V_s 为每一次萃取所用萃取溶剂的体积,则:

$$K = \frac{\dfrac{m_1}{V}}{\dfrac{m_0 - m_1}{V_s}}$$

即

$$m_1 = m_0 \frac{KV}{KV + V_s}$$

同理,经过二次萃取后,则有:

$$K = \frac{\dfrac{m_2}{V}}{\dfrac{m_1 - m_2}{V_s}}$$

即

$$m_2 = m_1 \frac{KV}{KV + V_s} = m_0 \left(\frac{KV}{KV + V_s}\right)^2$$

因此,经过 n 次萃取后:

$$m_n = m_0 \left(\frac{KV}{KV + V_s}\right)^n$$

可知,用一定量的溶剂进行萃取时,分多次萃取比一次萃取效率高。例如,15 ℃时,辛二酸在水和乙醚中的分配系数 $K = 1/4$。若 4 g 辛二酸溶于 50 mL 水中,用 50 mL 乙醚萃取,则萃取后辛二酸在水中的剩余量为:

$$m_1 = 4 \times \frac{0.25 \times 50}{0.25 \times 50 + 50} = 0.80 \text{ g}$$

萃取率为:

$$\frac{4 - 0.80}{4} \times 100\% = 80\%$$

若用 50 mL 乙醚,分二次萃取,则萃取后辛二酸在水中的剩余量为:

$$m_2 = 4 \times \left(\frac{0.25 \times 50}{0.25 \times 50 + 25}\right)^2 = 0.44 \text{ g}$$

萃取率为：

$$\frac{4-0.44}{4}\times100\% = 89\%$$

此外，萃取效率还与萃取溶剂的性质有关。对溶剂的要求是纯度高，沸点低，毒性小，价格低，对被萃取物溶解度大，与原溶剂不相溶。一般讲，难溶于 H_2O 的物质用石油醚等萃取；较易溶于 H_2O 的用苯或乙醚；易溶于 H_2O 的物质用乙酸乙酯或类似的溶剂。例如，用乙醚萃取 H_2O 中的草酸效果较差，若改用乙酸乙酯效果较好。

萃取次数取决于分配系数，一般为 3～5 次。萃取后将各次萃取液合并，加入适当的干燥剂干燥，然后蒸去溶剂，所得有机物视其性质可再用蒸馏、重结晶等方法进一步提纯。

三、仪器与试剂

仪器：分液漏斗、锥形瓶、比色板等。

试剂：5% 苯酚水溶液、乙酸乙酯、$FeCl_3$ 溶液。

四、分液漏斗的使用及萃取操作

液体的萃取和洗涤所用的仪器通常是分液漏斗。操作时应该选择容积较溶液体积大 1～2 倍的分液漏斗。

1. 检查

将分液漏斗顶端的玻璃塞与下端活塞用细绳套扎在漏斗上，并检查玻璃塞与活塞是否严密、不漏水。擦干活塞，在活塞孔的旁边分别涂一层薄薄的润滑脂（常用凡士林），润滑脂不能抹到活塞孔中。插上活塞，转动活塞使其均匀透明。漏斗上口的塞子不可以涂抹润滑脂。

2. 装液

将分液漏斗放在固定的铁环中，关好活塞，装入待萃取物和溶剂，总装液量大于或等于容积的 2/3，萃取液一般是被萃取液的 1/5～1/3，盖好玻璃塞。

3. 振摇

振荡漏斗，使液层充分接触，振荡方法是先把分液漏斗倾斜，使上口略朝下，如图 2-24 所示，活塞一端向上并朝向无人处，右手捏住上口颈部，并用食指压紧玻璃塞，左手握住活塞。握持方式既要防止振荡时活塞转动或脱落，又要便于灵活地旋动活塞。震荡后，令漏斗仍保持倾斜状态，旋开活塞，放出因溶剂挥发或反应产生的气体，使内外压力平衡。如此重复数次。

4. 静置

将分液漏斗置于铁环上，使乳浊液分层，明显分层后再分开两层液体。

5. 分液

对好放气孔，将漏斗颈靠在接受瓶的壁上，慢慢旋开下端活塞，将下层液体自活塞放出。当液面的界线接近活塞时，关闭活塞，静置片刻或轻轻振摇，这时下层液体往往增多，再把下层液体仔细地放出，如图 2-25 所示。然后将上层液体从分液漏斗上口倒出。切不可经活塞放出，以免被漏斗活塞以及颈部所附着的残液污染。

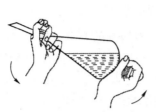 

图 2-24　分液漏斗的振荡方法　　　　图 2-25　分液操作

6. 保养

分液漏斗使用后,必须冲洗干净,若较长时间不用,玻璃塞与活塞需用薄纸包好后再塞入,否则易粘在漏斗上打不开。

五、实验步骤

乙酸乙酯萃取水中苯酚。

1. 一次萃取

(1)量取 10 mL 5% 的苯酚水溶液放入分液漏斗,加入 30 mL 乙酸乙酯。

(2)取下分液漏斗,振荡,进行萃取。

(3)将分液漏斗置于铁圈上,静置分层,小心旋开活塞,放出下层水溶液,上层有机溶液经上口倒出。

(4)分别取 2~3 滴下层水溶液于上层有机溶液于滴定板上,滴加 1 滴 $FeCl_3$ 溶液,观察现象。

2. 多次萃取

(1)量取 10 mL 5% 的苯酚水溶液于分液漏斗,加入 10 mL 乙酸乙酯如上法萃取,分去乙酸乙酯溶液(勿弃)。

(2)将第一次萃取后的水溶液再用 10 mL 乙酸乙酯萃取,分出乙酸乙酯溶液(勿弃)。

(3)将第二次萃取后的水溶液再用 10 mL 乙酸乙酯萃取,如此共三次,合并三次的乙酸乙酯溶液。

(4)$FeCl_3$ 溶液分别滴入第三次萃取后的水溶液与合并后的乙酸乙酯溶液,观察现象。比较两种萃取方法的萃取效果。

六、注意事项

(1)由于大多数萃取剂沸点低,在萃取振荡的操作中能产生一定的蒸气压,再加上漏斗内原有溶液的蒸气压和空气的压力,其总压力大大超过大气压,足以顶开漏斗塞子而发生喷液现象,所以在振荡几次后一定要放气。尤其是在某些洗涤过程中会产生气体,如二氧化碳等,更应放气。放气时漏斗下口向斜上方,朝向无人处。

(2)在萃取时,剧烈的振摇尤其是在碱性物质存在下,常常会产生乳化现象,有时由于存在少量轻质沉淀、两液相的相对密度相差较小、两溶剂容易发生部分互溶,因此两相不能清晰分层,难以分离。遇到这种现象时可用以下方法破乳:较长时间静置;加入少量电解质(如氯化钠),利用盐析作用加以破乳。在两相相对密度相差很小时,加入氯化钠也可增加水相的相对密度;因碱性而产生乳化现象,也可加入少量稀硫酸或采用过滤等方法来消除,加热破乳或滴加乙醇等破乳物质改变表面张力也可达到破乳的目的。

(3)在萃取中,上下两层液体都应该保留到实验完毕,以防中间操作发生错误,无法补救。

(4)严禁用手拿住分液漏斗进行液体的分离,上层液体不能经漏斗的下端放出,上口玻璃塞必须通大气后才可旋开活塞。

(5)用浓硫酸洗涤要用干燥的分液漏斗。洗涤后的硫酸应倒到指定的回收瓶。

(6)使用低沸点有机溶剂进行萃取操作时,应熄灭附近的火源。

七、思考题

(1)为什么分液漏斗上口的塞子不可以涂抹润滑脂?

(2)在分液时,打开活塞,漏斗中的液体不往下流,倒是有气泡向上冒,可能发生了什么问题?

(3)假设在某一萃取过程中,$K=4$,计算使用 40 mL 乙醚从含 20 g 溶质的 100 mL 水溶液中一次或者分两次萃取出来的溶质的量。若分 4 次结果又如何?

2.9　固体化合物的分离与提纯

实验十　重结晶

一、实验目的

(1)学习重结晶的基本原理和基本操作。

(2)学习常压过滤和减压过滤的操作技术。

二、实验原理

固体有机物在溶剂中的溶解度一般随温度的升高而增大。把固体有机物溶解在热的溶剂中使之饱和,冷却时由于溶解度降低,有机物又重新析出晶体。利用溶剂对被提纯物质及杂质的溶解度不同,使被提纯物质从过饱和溶液中析出,让杂质全部或大部分留在溶液中,从而达到提纯的目的,这就是重结晶。

重结晶只适宜杂质含量在 5% 以下的固体有机混合物的提纯。从反应粗产物直接重结晶是不适宜的,必须先采取其他方法初步提纯,然后再重结晶提纯。

重结晶的一般过程:(1)使待重结晶物质在较高的温度(接近溶剂沸点)下溶于合适的溶剂里;(2)趁热过滤以除去不溶物质和有色杂质(可加活性炭煮沸脱色);(3)将滤液冷却,使晶体从过饱和溶液里析出,而可溶性杂质仍留在溶液里;(4)减压过滤,把晶体从母液中分离出来;(5)洗涤晶体以除去附着的母液;(6)干燥结晶。

正确地选择溶剂是重结晶操作的关键。适宜的溶剂应具备以下条件:(1)不与待提纯的化合物起化学反应。(2)待提纯的化合物温度高时溶解度大,温度低或室温时溶解度小。(3)对杂质的溶解度非常大(留在母液中将其分离)或非常小(通过热过滤除去)。(4)得到较好的结晶。(5)溶剂的沸点不宜过低,也不宜过高。过低则溶解度改变不大,不易操作;过高则晶体表面的溶剂不易除去。(6)价格低,毒性小,易回收,操作安全。

选择溶剂时可查阅化学手册或文献资料中的溶解度,根据"相似相溶"原理选择。如没有充足的资料可用实验方法来确定。

选择溶剂的具体实验方法:取 0.1 g 结晶固体于试管中,用滴管逐滴加入溶剂,并不断振荡,待加入溶剂约为 1 mL 时,注意观察是否溶解。若完全溶解或间接加热至沸完全溶解,但冷却后无结晶析出,表明该溶剂是不适用的;若此物质完全溶于 1 mL 沸腾的溶剂中,冷却后析出大量结晶,这种溶剂一般认为是合适的;如果试样不溶于或未完全溶于 1 mL 沸腾的溶剂中,则可逐步添加溶剂,每次约加 0.5 mL,并继续加热至沸,当溶剂总量达到 4 mL,加热后样品仍未全溶(注意未溶的是否是杂质),表明此溶剂也不适用;若该物质能溶于 4 mL 以内热溶剂中,冷却后仍无结晶析出,必要时可用玻璃棒摩擦试管内壁或用冷水冷却,促使结晶析出,若晶体仍不能析出,则此溶剂也是不适用的。

按上述方法对几种溶剂逐一试验、比较,可选出较为理想的重结晶溶剂。当难以选出一种合适溶剂时,常使用混合溶剂。混合溶剂一般由两种彼此可互溶的溶剂组成,其中一种对提纯物质溶解度较大,另一种则较小。常用的混合溶剂有:$C_2H_5OH - H_2O$,$C_2H_5OH - (C_2H_5)_2O$,$C_2H_5OH - CH_3COCH_3$,$(C_2H_5)_2O$-石油醚,C_6H_6-石油醚等。

混合溶剂的适当比例,如果没有数据,可以这样试配:将混合物溶解于适当的易溶溶剂中,趁热过滤以除去不溶性杂质;然后逐渐加入热的难溶溶剂直到出现混浊状,加热混浊溶液使其澄清透明,再加入热的难溶溶剂至混浊后再加热澄清;最后,即使加热溶液仍呈混浊状,这时再加很少量易溶溶剂,使其刚好变透明为止。将此热溶液慢慢冷却即有结晶析出。

三、仪器与试剂

仪器:热水漏斗、布氏漏斗、短颈漏斗、烧杯、抽滤瓶、安全瓶、水泵、酒精灯等。

试剂:粗苯甲酸、活性炭、蒸馏水。

四、实验装置

1. 热过滤

热过滤装置如图 2 - 26 所示。

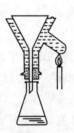

图 2 - 26　热过滤装置

热过滤选择保温漏斗和颈短而粗的玻璃漏斗。保温漏斗是一种减少散热的夹套式漏斗,其夹套是金属套,一般为铜夹套。使用时将热水(通常是沸水)倒入夹套,加热侧管(如溶剂易燃,过滤前务必将火熄灭)。玻璃漏斗放在烘箱中预热,漏斗中放入折叠滤纸,用少量热溶剂润湿滤纸(习惯上不必润湿滤纸,因通常溶剂的用量略偏多),立即把热溶液分批倒入漏斗,不要倒得太满,也不要等滤完再倒,未倒的溶液和保温漏斗用小火加热,保持微沸。热过滤时一般不要用玻璃棒引流,以免加速降温;接收滤液的容器内壁不要贴紧漏斗颈,以免滤液迅速冷却析出晶体,晶体沿器壁向上堆积,堵塞漏斗口,使之无法过滤。

若操作顺利,只会有少量结晶在滤纸上析出,可用少量热溶剂洗下,也可弃之,以免得不偿失。若结晶较多,可将滤纸取出,用刮刀刮回原来的瓶中,重新进行热过滤。滤毕,将溶液加盖放置,自然冷却。进行热过滤操作要求准备充分,动作迅速。

菊花滤纸的折叠方法如下:将圆滤纸折成半圆形,再对折成圆形的四分之一,以 1 对 4 折出 5,3 对 4 折出 6,如图 2-27(1)所示;1 对 6 和 3 对 5 分别再折出 7 和 8,如图2-27(2)所示;然后以 3 对 6,1 对 5 分别折出 9 和 10,如图 2-27(3)所示;最后在 1 和 10,10 和 5,5 和 7,……,9 和 3 间各反向折叠,稍压紧如同折扇,如图 2-27(4)所示;打开滤纸,在 1 和 3 处各向内折叠一个小折面,如图 2-27(5)所示。折叠时在近滤纸中心不可折得太重,因该处最易破裂,使用时将折好的滤纸打开后翻转,放入漏斗。

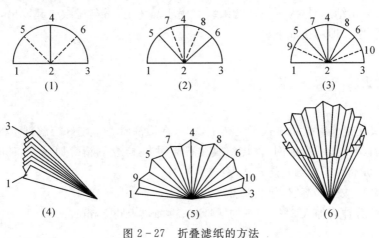

图 2-27　折叠滤纸的方法

2.减压过滤

减压过滤也称为吸滤或抽滤,其装置如图 2-28 所示。水泵带走空气让吸滤瓶中压力低于大气压,使布氏漏斗的液面上与瓶内形成压力差,从而提高过滤速度。在水泵和吸滤瓶之间往往安装安全瓶,以防止因关闭水阀或水流量突然变小时自来水倒吸入吸滤瓶,如果滤液有用,则被污染。

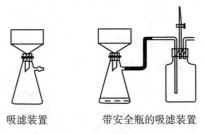

吸滤装置　　　带安全瓶的吸滤装置

图 2-28　吸滤装置

布氏漏斗通过橡皮塞与吸滤瓶相连接,橡皮塞与瓶口间必须紧密不漏气。吸滤瓶的侧管用橡皮管与安全瓶相连,安全瓶与水泵的侧管相连。停止抽滤或需用溶剂洗涤晶体时,先将吸滤瓶侧管上的橡皮管拔开,或将安全瓶的活塞打开与大气相通,再关闭水泵,以免水倒流入吸滤瓶内。布氏漏斗的下端斜口应正对吸滤瓶的侧管。滤纸要比布氏漏斗内径略小,但必须全部覆盖漏斗的小孔;滤纸也不能太大,否则边缘会贴到漏斗壁上,使部分溶液不经过过滤,沿壁直接漏入吸滤瓶中。抽滤前用同一溶剂将滤纸润湿后抽滤,使其紧贴于漏斗的底部,然后再向漏斗内转移溶液。

热溶液和冷溶液的过滤都可选用减压过滤。若为热过滤,则过滤前应将布氏漏斗放入烘箱(或用电吹风)预热;抽滤前用同一热溶剂润湿滤纸。

析出的晶体与母液分离,常用布氏漏斗进行减压过滤。为了更好地将晶体与母液分开,最好用清洁的玻璃塞将晶体在布氏漏斗上挤压,并随同抽气尽量除去母液。结晶表面残留的母液,可用很少量的溶剂洗涤,这时抽气应暂时停止。把少量溶剂均匀地洒在布氏漏斗内的滤饼上,使全部结晶刚好被溶剂覆盖为宜。用玻璃棒或不锈钢刮刀搅松晶体(勿把滤纸捅破),使晶体润湿。稍候片刻,再抽气把溶剂抽干。如此重复两次,就可把滤饼洗涤干净。

从漏斗上取出结晶时,为了不使滤纸纤维附于晶体上,常与滤纸一起取出,待干燥后,用刮刀轻敲滤纸,结晶即可全部下来。

五、实验操作

苯甲酸的提纯。

1. 热溶解

(1)取约 2 g 粗苯甲酸晶体置于烧杯中,加入在微沸状态下刚好溶解剂量的蒸馏水。

(2)在三脚架上垫一石棉网,将烧杯放在石棉网上,点燃酒精灯加热,不时用玻璃棒搅拌(注意:搅拌时玻璃棒不要触及烧杯内壁)。

(3)待粗苯甲酸全部溶解,停止加热。

(4)冷却两分钟后加入 2%～5% 的活性炭,再加热沸腾 5 min。

2. 热过滤

(1)将准备好的过滤器放在铁架台的铁圈上,过滤器下放一小烧杯。

(2)将烧杯中的混合液在保温漏斗里趁热过滤,使滤液缓缓注入过滤器中(过滤时可用坩埚钳夹住烧杯,避免烫手)。

3. 冷却结晶

将滤液静置室温冷却,观察烧杯中晶体的析出。

4. 抽滤洗涤

(1)将析出苯甲酸晶体置于安装好的布氏漏斗进行减压过滤。

(2)冷水洗涤 2～3 次,少量多次,最终形成滤饼。

5. 室温干燥

充分干燥后的结晶称其质量,测熔点,计算产率。如果纯度不符合要求,可重复上述操作,直至熔点符合为止。

六、注意事项

(1)溶剂的选择及用量(常多于 20%)。

(2)活性炭脱色时,不能把其加入已沸腾的溶液中,防"暴沸"用量为干燥粗产品质量的 $1\% \sim 5\%$ 。

(3)热过滤时保温漏斗中的水一定要尽可能热,操作动作要快。

(4)减压过滤滤纸事先要润湿,铺好滤纸后不能减压太大。在倒入滤液之前滤纸要紧贴漏斗底部,防止滤纸被压穿。

(5)抽滤时注意先接橡皮管,抽滤后先拔橡皮管,以防止倒吸。

七、思考题

(1)重结晶包括哪几个步骤? 每一步的目的是什么?

(2)怎样选择重结晶的溶剂?

(3)重结晶的溶剂应符合什么条件?

(4)如果待重结晶的物质含有有色杂质应如何处理?

(5)使用易燃溶剂重结晶应注意哪些问题?

(6)在重结晶过程中,必须注意哪几点才能使产品的产率高、质量好?

(7)减压过滤与常压过滤相比有什么优点?

(8)重结晶时,如果溶液冷却后不析出晶体怎么办?

(9)重结晶操作中,活性炭起什么作用? 为什么不能在溶液沸腾时加入?

(10)用活性炭脱色为什么要在固体物质完全溶解后才加入?

(11)加热溶解粗产物时,为何先加入比计算量(根据溶解度数据)略少的溶剂,然后渐渐添加至恰好溶解,最后再加少量溶剂?

(12)晶体的干燥方法有哪些?

(13)在布氏漏斗上用溶剂洗涤滤饼时应注意什么?

(14)使用布氏漏斗过滤时,如果滤纸大于漏斗瓷孔面时,有什么不好?

(15)为什么滤液需在静置条件下缓慢结晶?

(16)冷却结晶时,是不是温度越低越好?

实验十一　升华

一、实验目的

(1)掌握升华的原理和操作技术。

(2)了解升华的适用范围。

二、实验原理

固态物质加热时不经过液态而直接变为气态,这个过程叫作升华。固态物质能够升华的原因是其在固态时具有较高的蒸气压,受热时蒸气压变大,达到熔点之前,蒸气压已相当高,可以直接气化。

升华是利用固体混合物的蒸气压或挥发度不同,将不纯净的固体化合物在熔点温度以下加热,利用产物蒸气压高,杂质蒸气压低的特点,使产物不经液体过程而直接气化,遇冷后凝固而达到分离固体混合物的目的。升华是提纯固体化合物的一种方法。

适用范围：

(1)被提纯的固体化合物具有较高的蒸气压,在低于熔点时,就可以产生足够的蒸气,使固体不经过熔融状态直接变为气体,从而达到分离的目的;一般来说,具有对称结构的非极性化合物,其电子云的密度分布比较均匀,偶极距较小,晶体内部静电引力小,这类固体往往具有较高的蒸气压。

(2)固体化合物中杂质的蒸气压较低,有利于分离。升华的优点是不用溶剂,产品纯度高,操作简便。它的缺点是产品损失较大,一般用于少量(1~2 g)化合物的提纯。

三、仪器与试剂

仪器:蒸发皿、研钵、滤纸、玻璃漏斗、酒精灯、玻璃棒、表面皿等。

试剂:樟脑或萘与氯化钠的混合物。

四、实验装置

图 2-29 为常用的常压升华装置图。

图 2-29　常压升华装置

五、实验步骤

1. 升华装置

称取 0.5~1 g 待升华物质(可用樟脑或萘与氯化钠的混合物),烘干后研细,均匀铺放于一个蒸发皿中,盖上一张刺有十多个小孔(直径约 3 mm)的滤纸,然后将一个大小合适的玻璃漏斗(直径稍小于蒸发皿和滤纸)罩在滤纸上,漏斗颈用棉花塞住,防止蒸气外逸,减少产品损失。

2. 加热

隔石棉网用酒精灯加热,慢慢升温,温度必须低于其熔点,待有蒸气透过滤纸上升时,调节灯焰,使其慢慢升华,上升蒸气遇到漏斗壁冷凝成晶体,附着在漏斗壁上或者落在滤纸上。当透过滤纸的蒸气很少时停止加热。

3. 产品的收集

用一根玻璃棒或小刀,将漏斗壁和滤纸上的晶体轻轻刮下,置于洁净的表面皿上,即得到纯净的产品。称重,计算产品的收率。

六、注意事项

(1)升华温度一定要控制在固体化合物的熔点以下。

(2)样品一定要干燥,如有溶剂将会影响升华后固体的凝结。

(3)滤纸上小孔的直径要大些,以便蒸气上升时顺利通过。

七、思考题

(1)升华时,为什么要缓缓加热?

(2)哪些物质可以用升华法提纯?

2.10　色谱分离技术

1906 年,俄国植物学家茨维特将 $CaCO_3$ 固体粉末装入竖立的玻璃管中,从顶端倒入植物色素的石油醚浸出液,并用石油醚连续地冲洗。结果在柱中出现了颜色不同的色带。因此,茨维特把这种方法称为色谱法。如今,色谱法不仅用于有色物质的分离,而且大量用于无色物质的分离。所以色谱法已经失去原来的含义。但是,现在仍沿用色谱法这个名称。

色谱法也称为色层法、层析法等,具有分离及分析两种功能。色谱分离是目前应用最广泛的分离方法,已广泛地用于石油化工、有机合成、生理生化、医药卫生、环境监测、刑事侦查、生产在线控制,乃至空间探索等许多领域,以解决各种分离分析问题。

色谱法的基本原理是利用混合物各组分在某一物质中的吸附或溶解性能(分配)的不同,或其亲和性的差异,使混合物的溶液流经该种物质进行反复的吸附或分配作用,从而使各组分分离。

色谱法具有以下的特点:

(1)分离效率高:可在很短的时间内分离多达二、三百个组分的复杂物质,柱效能可达 106 的理论板。

(2)检测能力强:可以检测出 $10^{-11} \sim 10^{-15}$ 克级的痕量组分,能满足环境检测、农药残留等大量日常检测分析的需要。

(3)样品用量少:样品用量一般为微升级,少的可达纳克级。

(4)适用范围广:几乎所有与化学有关的领域都适用。

色谱法按流动相与固定相聚集态分为气相色谱(气-固色谱、气-液色谱)、液相色谱(液-固色谱、液-液色谱)、超临界流体(气-固色谱、气-液色谱)和毛细管电泳;按固定相的形状分为纸色谱、薄层色谱和柱色谱;根据分离操作方式分为间歇色谱和连续色谱。

色谱法在有机化学中的应用主要包括以下几方面:

(1)分离混合物。一些结构类似、理化性质也相似的化合物组成的混合物,一般应用化学方法分离很困难,但应用色谱法分离,有时可得到满意的结果。

(2)精制提纯化合物。有机化合物中含有少量结构类似的杂质,不易除去,可利用色谱法分离以除去杂质,得到纯品。

(3)鉴定化合物。在条件完全一致的情况下,纯粹的化合物在薄层色谱或纸色谱中都呈现一定的移动距离,称为比移值(R_f值),所以利用色谱法可以鉴定化合物的纯度或确定两种性质相似的化合物是否为同一物质。但影响比移值的因素很多,如薄层的厚度、吸附剂颗粒的大小、酸碱性、活性等级、外界温度和展开剂纯度、组成、挥发性等。所以,要获得重现的比移值就比较困难。为此,在测定某一试样时,最好用已知样品进行对照。

(4)观察一些化学反应是否完成,可以利用薄层色谱或纸色谱观察原料色点的逐步消失,以证明反应完成与否。

实验十二　薄层色谱

一、实验目的

(1)学习薄层层析的基本原理。

(2)掌握薄层层析的操作技术。

二、实验原理

薄层色谱又叫作薄板层析,或称为薄层层析,是以涂布于支持板上的支持物作为固定相,以合适的溶剂为流动相,对混合样品进行分离、鉴定和定量的一种层析分离技术。

薄层色谱是快速分离和定性分析少量物质的一种很重要的实验技术,属于固-液吸附色谱,它兼备了柱色谱和纸色谱的优点,一方面适用于极少量样品的分离;另一方面在制作薄层板时,把吸附层加厚加大,又可用来精制样品,此法适用于挥发性较小或较高温度易发生变化而不能用气相色谱分析的物质。此外,薄层色谱法还可用来跟踪有机化学反应及进行柱色谱之前的一种"预试"。

薄层层析法是一种微量快速的分析分离方法。它具有灵敏、快速准确、效率高等优点。

按铺到薄层上的固体性质,薄层色谱可分为:吸附薄层色谱、分配薄层色谱、离子交换色谱和排阻薄层色谱(凝胶薄层色谱)。

吸附薄层色谱是常用的薄层层析分析法,其工作原理为:由于吸附剂(强极性)对样品中各组分吸附能力不同,当展开剂(有机溶剂)流经吸附有样品的吸附剂时,样品中的各组分在固定相和作为展开剂的流动相之间不断地发生解吸、吸附、再解吸、再吸附的分配过程。极性小的组分从吸附剂上解吸较易,随展开剂较快地移动;极性大的组分从吸附剂上解吸较难,随展开剂移动较慢。不同组分上升的距离不同而形成彼此分开的斑点从而达到分离,如图2-30所示。

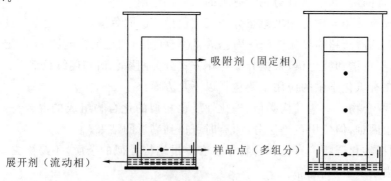

图2-30　薄层色谱分析技术

1. 载板

用以涂布薄层用的载板有玻璃板、铝箔及塑料板,对载板的要求是:需要有一定的机械强度及化学惰性,且厚度均匀、表面平整,因此玻璃板是最常用的。载板可以有不同规格,如5 cm×20 cm、10 cm×20 cm 或 20 cm×20 cm,使用时载板要光滑、平整,洗净后不附水珠,晾干。

2. 吸附剂(固定相)

薄层色谱的吸附剂要求颗粒度更小,一般要求直径为 $10\sim40\ \mu m$。常用的吸附剂有:

(1)硅胶,微酸性极性固定相,适用于酸性、中性物质分离,如硅胶 G(含有煅石膏作黏合剂)、硅胶 H(不含黏合剂或其他添加剂)、硅胶 HF 254(含有荧光剂,可在 254 nm 紫外光下观察)、硅胶 GF254(含有煅石膏和荧光剂)等。

(2)氧化铝,碱性极性固定相,适用于碱性、中性物质分离,如氧化铝 H、氧化铝 G、氧化铝 HF254、氧化铝 GF254 等。

(3)纤维素,含有羟基的极性固定相,适用于分离亲水性物质,如微晶纤维素、微晶纤维素 F254 等。

(4)聚酰胺,含有酰胺基极性固定相,适用于酚类、醇类化合物的分离。

3. 展开剂(流动相)

展开剂的主要作用是溶解被分离的物质,在吸附剂薄层上转移被分离物质,使各组分的 R_f 值在 0.2~0.8 之间并对被分离物质要有适当的选择性。作为展开剂的溶剂应满足以下要求:适当的纯度、适当的稳定性、低黏度、线性分配等温线、很低或很高的蒸气压以及尽可能低的毒性。

薄层色谱展开剂的选择和柱色谱一样,主要根据样品中各组分的极性、溶剂对于样品中各组分溶解度等因素来考虑。展开剂的极性越大,对化合物的洗脱力也越大。展开剂的极性增大次序为:石油醚<环己烷<二硫化碳<四氯化碳<二氯乙烯<苯<二氯甲烷<氯仿<乙醚<四氢呋喃<乙酸乙酯<丙酮<丁酮<正丁醇<乙醇<甲醇<水<冰醋酸<吡啶<有机酸。

选择展开剂时,除参照溶剂极性来选择外,更多地采用试验的方法,在一块薄层板上进行试验:

(1)若所选展开剂使混合物中所有的组分点都移到了溶剂前沿,此溶剂的极性过强。

(2)若所选展开剂几乎不能使混合物中的组分点移动,留在了原点上,此溶剂的极性过弱。

当一种溶剂不能很好地展开各组分时,常选择混合溶剂作为展开剂。先用一种极性较小的溶剂为基础溶剂展开混合物,若展开不好,用极性较大的溶剂与前一溶剂混合,调整极性,再次试验,直到选出合适的展开剂组合。合适的混合展开剂常需多次仔细选择才能确定。

4. 相对移动值

在不同的展开条件下,各化合物的移动距离不会相同,而在同一条件下,相对于展开剂的移动距离,各化合物有可比较的展开数据,称为相对移动值,或比移值(R_f)。R_f 值随被分离物质的结构、固定相及流动相的性质、温度和薄板的活化程度等因素不同而变。当实验条件一定时,任何一个特定化合物的 R_f 值是一个常数。这也是薄层色谱能定性分析的依据。

R_f 值的计算很简单,只要用尺子测量原点到色斑中心的距离除以原点到溶剂前沿的距离即可(如图 2-31 所示)。

$$R_f = \frac{a}{b}$$

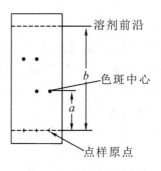

图 2 - 31　R_f 值的求算

三、仪器与试剂

仪器:玻璃片、毛细管、层析缸。

试剂:0.5%CMC溶液(提前一星期配好)、1%偶氮苯苯溶液、1%苏丹Ⅲ苯溶液、环己烷、乙酸乙酯、层析硅胶 G。

三、实验步骤

1. 薄层板的制备

薄层板的好坏将决定分离的效果。薄层板应该尽量均匀且厚薄一致。

(1)铺板。①使用铺板器将洁净干燥的玻璃板置于铺板器中间,在铺板槽中倒入糊状物,自左向右推,将糊状物均匀地涂在玻璃板上(如图 2 - 32 所示)。②倾注法:将调成糊状物倒在玻璃板上,或用药匙舀到玻璃板上,再用玻璃棒或药匙铺平并用手捏住玻璃板一角,轻轻碰敲桌面,使薄层表面均匀并除去糊状物中的气泡。

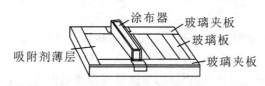

图 2 - 32　薄层涂布器

(2)薄层板的活化。将涂好的薄层板水平放置于室温下晾干后(应避免阳光直射,以防开裂),放在烘箱内加热活化。硅胶板需在烘箱内慢慢升温至 105～110 ℃后保温 30 min;氧化铝板需在 200～220 ℃烘 4 h,可得到活性Ⅰ级的薄板,吸附层的活性随含水量的降低而增加。活化好的薄板应保存在干燥器中备用。

2. 点样

点样量对分离效果影响很大,而且还与显色剂的灵敏度、吸附剂的类型有关。样品量过少,展开后斑点不清晰,影响观察;样品量过多,展开后拖尾严重,易造成 R_f 值接近的斑点相连。

点样方法分为接触式点样和喷雾点样。喷雾点样为仪器控制,在此不展开描述。接触式点样为手工操作,应注意小心用点样器垂直接触薄层板表面以防止损伤板面。若薄层吸附剂表面被损坏或点成洼孔,则展开后斑点成不规则形状;靠近溶剂前沿的化合物成三角形,靠近原点的化合物成新月形,影响测定结果。原点损失带来误差,也将使展开后的定量和判断不准确。

点样应注意的问题：

(1)点样量。原点位置对样品容积的负荷量有限，体积不宜太大，一般为 $0.5\sim10\ \mu L$，样品的浓度通常为 $0.5\sim2\ mg/\mu L$，浓度太大时展开剂会从原点外围绕行而不是通过整个原点把它带动向前，使斑点脱尾或重叠，降低分离效率。如果点样量太小，则不能检出清晰的斑点，从而影响判断。如果点样量太多，则展开剂不能全部负载，容易产生脱尾现象。当点样量适合时，可采用点状点样；当点样量过大，原点无法负荷时，可采用条带状点样，得到更好的分离效果，提高分辨率。

(2)样品的溶剂。样品在溶剂中溶解度很大，原点将变成空心圆，影响随后的线性展开，所以原则上应选择对被测成分可以溶解但溶解度不是很大的溶剂。供试液的溶剂在原点残留会改变展开的选择性，亲水性溶剂残留在原点吸收大气中的水分(特别在高湿度环境)对色谱质量也会产生影响，因此除去原点残存溶剂是必要的，但对遇热不稳定和易挥发的成分，应避免高温加热，以免成分被破坏或损失。

3. 展开

展开剂的用量以薄层板放入的深度为距原点 5 mm 为宜，切勿倒入过多，将原点浸入展开剂，成分将被展开剂溶解而不随展开剂在板上分离。

展开剂中溶剂的质量直接影响薄层色谱分离能力。如果含有杂质超标、水分超标以及吸收空气中干扰气体等，均可影响分离结果。如甲酸乙酯遇水容易水解，如用多次开瓶的残存溶剂，因逐渐吸收大气中的水分而不同程度地分解，所得的色谱与用新鲜溶剂所得色谱有明显差别。展开剂展开后，溶剂比例发生变化，勿重复使用。

薄层层析有多种展开方式，可分为上行、下行、双向展开等。展开时均需在密闭的容器(展开缸)中进行，且该容器内应使流动相的蒸气饱和。

(1)上行法：在缸中加入足够量的展开剂，将点好样品的薄层板放入展开缸的展开剂中，浸入展开剂的深度为距薄层板底边 $0.5\sim1.0\ cm$(切勿将样点浸入展开剂中)，密封缸盖，待展开前沿离薄板上端 1 cm 时，取出薄层板，并用铅笔轻轻画下溶剂前沿，晾干。

(2)下行法：在展开缸的盖子上装一个小钩，将展开的薄片钩住，并通过一滤纸条将展开剂和薄片连起来。待展开剂前沿离纸片下端 1 cm 时，取出纸片，并用铅笔轻轻画下溶剂前沿，晾干。

4. 显色

分离的化合物若有颜色，很容易识别出来各个样点。但多数情况下化合物没有颜色，要识别样点，必须使样点显色。常用的显色方法有碘蒸气显色和紫外线显色。

(1)碘蒸气显色：将展开的薄层板挥发干展开剂后，放在盛有碘晶体的封闭容器中，升华产生的碘蒸气能与有机物分子形成有色的缔合物，完成显色。

(2)紫外线显色：用掺有荧光剂的固定相材料(如硅胶 F，氧化铝 F 等)制板，展开后在用紫外线照射展开的干燥薄层板，板上的有机物会吸收紫外线，在板上出现相应的色点，可以被观察到。

有时对于特殊有机物使用专用的显色剂显色。此时常用盛有显色剂溶液的喷雾器喷板显色。

五、实验步骤

【实验】偶氮苯和苏丹Ⅲ的分离。

1. 薄层板的制备

(1)取 7.5 cm×2.5 cm 左右的载玻片 5 块,洗净晾干。

(2)在 50 mL 烧杯中放置 3 g 硅胶 G,逐渐加入 0.5% 羧甲基纤维素钠(CMC)水溶液 8 mL,调成均匀的糊状,用滴管吸取此糊状物,涂于上述洁净的载玻片上。用手将带浆的玻片在玻璃板或水平的桌面上做上下轻微的颠动,并不时转动方向,制成薄层均匀,表面光洁平整的薄层板。涂好硅胶 G 的薄层板置于水平的玻璃板上,在室温放置 0.5 h 干燥后,放入烘箱中,缓慢升温至 110 ℃(目的是活化),恒温 0.5 h,取出稍冷后置于干燥器中备用。

2. 点样

取 2 块用上述方法制好的薄层板,分别在距一端 1 cm 处用铅笔轻轻画一横线作为起始线。取管口平整的毛细管插入样品溶液中,在一块板的起点线上点上 1% 偶氮苯的苯溶液和混合液 2 个点,在第二块板的起点线上点上 1% 苏丹Ⅲ的苯溶液和混合液 2 个点,样品间相距 1~1.5 cm 如果样品的颜色较浅,可重复点样,重复点样前必须待前次样品干燥后进行,样点直径不应超过 2 mm。

3. 展开

展开剂:环己烷:乙酸乙酯＝9∶1(体积比)。

待样点干燥后,小心放入已加入展开剂的 250 mL 广口瓶(或展开缸)中进行展开。点样板一端应浸入展开剂 0.5 cm。盖好瓶塞,观察展开剂前沿上升到离板的上端 1 cm 处取出,尽快用铅笔在展开剂上升的前沿处划一记号,在空气中晾干后观察分离的情况,比较二者 R_f 值的大小。

六、注意事项

(1)薄层板的制备是关键点之一。铺板必须厚薄均匀一致,表面平整光洁,不能开裂。

(2)点样用的毛细管必须专用,不得弄混,点样时,使毛细管液面刚好接触到薄层即可。

(3)点样的圆点必须小且浓度要高些,但不能太高,以免引起拖尾现象。各样点间距 1~1.5 cm,样点直径应不超过 2 mm。

(4)点样后要等溶剂挥发尽才能将薄板放入展开缸中展开。

(5)展开时注意观察样点的移动情况。

(6)展开结束后,取出薄板要立刻用铅笔画下溶剂前沿。

七、思考题

(1)色谱法的工作原理是什么?

(2)薄层色谱法点样应注意些什么?

(3)常用的薄层色谱的显色剂是什么?

(4)是否可以用色谱法分离手性物质?

(5)色谱法采用何种方法定性?

(6)薄层色谱法主要包括哪些步骤? 在一定的操作条件下为什么可以利用 R_f 值来鉴定

化合物？

(7) 如何利用 R_f 值来鉴定化合物？

实验十三　柱色谱

一、实验目的

(1) 了解柱色谱法分离提纯有机化合物的基本原理和应用。

(2) 掌握柱色谱法的操作技术。

二、实验原理

柱色谱法又称为柱层析法，将固定相装于柱内，流动相为液体，样品沿竖直方向由上而下移动而达到分离的色谱法。柱色谱法被广泛应用于混合物的分离，包括对有机合成产物、天然提取物以及生物大分子的分离。

柱色谱属于液-固吸附色谱，吸附柱色谱的工作原理是当混合物溶液加在固定相上，固体表面借各种分子间力（包括范德华力和氢键）作用于混合物中各组分，以不同的作用强度被吸附在固体表面。由于吸附剂对各组分的吸附能力不同，当流动相流过固体表面时，混合物各组分在液-固两相间分配。吸附牢固的组分在流动相分配少，吸附弱的组分在流动相分配多。流动相流过时各组分会以不同的速率向下移动，吸附弱的组分以较快的速率向下移动。随着流动相的移动，在新接触的固定相表面上又依这种吸附-溶解过程进行新的分配，新鲜流动相流过已趋平衡的固定相表面时也重复这一过程，结果是吸附弱的组分随着流动相移动在前面，吸附强的组分移动在后面，吸附特别强的组分甚至会不随流动相移动，各种化合物在色谱柱中形成带状分布，实现混合物的分离。

1. 柱色谱装置

柱色谱装置包括色谱柱、滴液漏斗、接收瓶三个部分（如图 2-33 所示）。色谱柱有玻璃制的和有机玻璃制的，后者只用于水做展开剂的情况。色谱柱下端配有旋塞，色谱柱的长径比应不小于 $(7\sim8):1$。色谱柱的大小规格由待分离样品的量和吸附难易程度来决定。一般柱管的直径为 $0.5\sim1.0$ cm，长度为直径的 $10\sim40$ 倍。填充吸附剂的量约为样品重量的 $20\sim50$ 倍，柱体高度应占柱管高度的 3/4，柱子过于细长或过于粗短都不好。

滴液漏斗

图 2-33　柱色谱装置

2. 吸附剂

柱色谱使用的固定相材料又称为吸附剂。常用的吸附剂有：氧化铝、硅胶、氧化镁、碳酸钙和活性炭等。

色谱用的氧化铝可分酸性、中性和碱性三种。酸性氧化铝 pH 值约为 4～4.5,用于分离羧酸、氨基酸等酸性物质;中性氧化铝 pH 值为 7.5,用于分离中性物质,应用最广;碱性氧化铝 pH 值为 9～10,用于分离生物碱、胺和其他碱性化合物等。硅胶是中性的吸附剂,可用于分离各种有机物,是应用最为广泛的固定相材料之一。活性炭常用于分离极性较弱或非极性有机物。

吸附剂一般要经过纯化和活性处理。选择吸附剂的首要条件是与被吸附物及展开剂均不发生化学反应。吸附能力与颗粒大小有关。颗粒太粗,流速快分离效果不好。颗粒小,表面积大,吸附能力高,但流速慢,因此应根据实际分离需要而定。

溶质的结构与吸附能力的关系:化合物的吸附能力与分子极性有关。分子极性越强,吸附能力越大。分子中所含极性较大的基团,其吸附能力也较强。具有下列极性基团的化合物,其吸附能力按下列排列次序递增:

$$Cl, Br-, I- < -C \equiv C- < -OCH_3 < -CO_2R < -C \equiv O, -CHO < -SH < -NH_2 < -OH < -COOH$$

3. 流动相

色谱分离使用的流动相又称为展开剂。展开剂对于选定了固定相的色谱分离有重要的影响。

在色谱分离过程中混合物中各组分在吸附剂和展开剂之间发生吸附-溶解分配,强极性展开剂对极性大的有机物溶解的多,弱极性或非极性展开剂对极性小的有机物溶解的多,随展开剂的流过不同极性的有机物以不同的次序形成分离带。

在氧化铝柱中,选择适当极性的展开剂能使各种有机物按先弱后强的极性顺序形成分离带,流出色谱柱。

当一种溶剂不能实现对混合物很好的分离时,选择使用不同极性的溶剂分级洗脱。如一种溶剂作为展开剂只洗脱了混合物中一种化合物,对其他组分不能展开洗脱,需换一种极性更大的溶剂进行第二次洗脱。这样分次用不同的展开剂可以将各组分分离。

三、仪器与试剂

仪器:锥形瓶、研钵、粗颈漏斗、滴液漏斗、25 mL 酸式滴定管等。

试剂:色谱用中性氧化铝(活度Ⅳ级)、脱脂棉、丙酮、石油醚、菠菜叶、饱和氯化钠溶液、无水硫酸钠。

四、柱色谱法的基本操作过程

1. 装柱

装柱前,柱子应干净、干燥,并垂直固定在铁架台上,将少量洗脱剂注入柱内,取一小团玻璃毛或脱脂棉用溶剂润湿后塞入管中,用一长玻璃棒轻轻送到底部,适当捣压,赶出棉团中的气泡,但不能压得太紧,以免阻碍溶剂畅流(如管子带有筛板,则可省略该步操作)。再在上面加入一层约 0.5 cm 厚的洁净细砂,从对称方向轻轻叩击柱管,使砂面平整。

色谱柱的装填有干装法和湿装法两种方法。

(1)干装法:在柱内装入 2/3 溶剂,在管口上放一漏斗,打开活塞,让溶剂慢慢地滴入锥形瓶中,接着把干吸附剂经漏斗以细流状倾泻到管柱内,同时用套在玻璃棒(或铅笔等)上的橡皮塞轻轻敲击管柱,使吸附剂均匀地向下沉降到底部。填充完毕后,用滴管吸取少量溶剂把黏附在管壁上的吸附剂颗粒冲入柱内,继续敲击管子直到柱体不再下沉为止。柱面上再加盖一薄层洁净细砂,把柱面上液层高度降至 0.1~1 cm,再把收集的溶剂反复循环通过柱体几次,便可得到沉降得较紧密的柱体。

(2)湿装法:该方法与干装法类似,所不同的是,装柱前吸附剂需要预先用溶剂调成淤浆状,在倒入淤浆时,应尽可能连续均匀地一次完成。如果柱子较大,应事先将吸附剂泡在一定量的溶剂中,并充分搅拌后过夜(排除气泡),然后再装。无论是干装法,还是湿装法,装好的色谱柱应是充填均匀,松紧适宜一致,没有气泡和裂缝,否则会造成洗脱剂流动不规则而形成"沟流",引起色谱带变形,影响分离效果。

2. 加样

将干燥待分离固体样品称重后,溶解于极性尽可能小的溶剂中使之成为浓溶液。将柱内液面降到与柱面相齐时,关闭柱子。用滴管小心沿色谱柱管壁均匀地加到柱顶上。加完后,用少量溶剂把容器和滴管冲洗净并全部加到柱内,再用溶剂把黏附在管壁上的样品溶液淋洗下去。慢慢打开活塞,调整液面和柱面相平为止,关好活塞。如果样品是液体,可直接加样。

3. 洗脱与检测

将选好的洗脱剂沿柱管内壁缓慢地加入柱内,直到充满为止(任何时候都不要冲起柱面覆盖物)。打开活塞,让洗脱剂慢慢流经柱体,洗脱开始。在洗脱过程中,注意随时添加洗脱剂,以保持液面的高度恒定,特别应注意不可使柱面暴露于空气中。在进行大柱洗脱时,可在柱顶上架一个装有洗脱剂的带盖塞的分液漏斗或倒置的长颈烧瓶,让漏斗颈口浸入柱内液面下,这样便可以自动加液。如果采用梯度溶剂分段洗脱,则应从极性最小的洗脱剂开始,依次增加极性,并记录每种溶剂的体积和柱子内滞留的溶剂体积,直到最后一个成分流出为止。洗脱的速度也是影响柱色谱分离效果的一个重要因素。大柱一般调节在每小时流出的毫升数等于柱内吸附剂的克数。中小型柱一般以 1~5 滴/秒的速度为宜。

洗脱液的收集,有色物质,按色带分段收集,两色带之间要另外收集,可能两组分有重叠。对无色物质的接收,一般采用分等份连续收集,每份流出液的体积毫升数等于吸附剂的克数。若洗脱剂的极性较强,或者各成分结构很相似时,每份收集量就要少一些,具体数额的确定,要通过薄层色谱检测,视分离情况而定。至 2018 年,多数用分步接收器自动控制接收。

洗脱完毕,采用薄层色谱法对各收集液进行鉴定,把含相同组分的收集液合并,除去溶剂,便得到各组分的较纯样品。

五、实验步骤

【实验】菠菜叶色素的分离。

1. 菠菜色素的提取

称取 5 g 洗净的菠菜叶,切碎置于研钵中,加 20 mL 丙酮将菠菜叶捣烂。过滤除去残渣,将滤液移至分液漏斗中,加 10 mL 石油醚(为防止形成乳浊液,可同时加入 5~10 mL 饱和氯化钠溶液),振摇,静置分层,打开旋塞放出下层水液;再用 50 mL 水分 2 次洗涤绿色有机层;最后将有机层从分液漏斗上口倒入 50 mL 干燥的锥形瓶中,加入无水硫酸钠约 1 g 进行干燥,充分振荡后静置待用。

2. 菠菜色素的分离

(1)装柱。①取 25 mL 酸式滴定管一支作色谱柱,垂直装置以 25 mL 锥行瓶作洗脱液的接收器。②底部装入脱脂棉。③取少量石油醚于层析柱中,打开旋塞,检查其密闭性,确定不漏水后,再加入石油醚至层析柱高的 2/3。④称取 20 g 的中性氧化铝,从玻璃漏斗中缓缓加入层析柱中,小心打开柱下旋钮,保持石油醚高度不变,并轻轻敲击(轻敲柱子将填料弄平,必要时可用吸气机将氧化铝填料吸实),流下的氧化铝在柱子中堆积。⑤当溶剂液石油醚的高度距氧化铝表面 5 mm 时,关闭旋塞,然后在层析柱上端加入少量脱脂棉(注:脱脂棉必须完全盖住氧化铝表面,在任何情况下,氧化铝表面不得露出液面)。

(2)加样。将处理好的菠菜色素浓缩液滴入层析柱中(使用滴管),打开下端旋塞,让液面下降到柱面以下 1 mm 左右,关闭旋塞,用滴管加数滴石油醚,打开旋塞,使液面下降,重复,直到色素全部进入柱体。控制流速。

(3)洗脱。①加入约 15 mL 的体积比为 9∶1 的石油醚-丙酮混合液,打开旋塞,当第一个有色成分即将滴出时,取一试管收集,得橙黄溶液(β-胡萝卜素)。控制流速。②用同样的方法,用体积比为 7∶3 石油醚—丙酮作洗脱剂,分出第二个色带(浅黄液叶黄素),再用 95%乙醇洗脱得蓝色液(叶绿素 a)和黄绿色液(叶绿素 b)叶绿素 a、叶绿素 b 两组分颜色差别小,可能导致色带模糊。

(4)实验完毕,洗净仪器,整理实验台。

六、注意事项

(1)色谱柱填装紧密与否,对分离效果很有影响。若柱中留有气泡或各部分松紧不匀(更不能有断层或暗沟)时,会影响渗滤速度和显色的均匀。但如果填装时过分敲击,又会因太紧密而流速太慢。

(2)为了保持色谱柱的均一性,使整个吸附剂浸泡在溶剂或溶液中是必要的。否则当柱中溶剂或溶液流干时,就会使柱身干裂,影响渗透和显色的均一性。

(3)最好用移液管或滴管将分离的溶液转移至柱中。

(4)如不装置滴液漏斗,也可用每次倒入 10 mL 洗脱剂的方法进行洗脱。

(5)中性氧化铝应在 500 ℃烘干 4 h,然后冷却至 100 ℃,迅速装瓶,置于干燥器中待用。

七、思考题

(1)柱子中若有气泡或装填不均匀,将给分离造成什么样的结果?如何避免?

(2)柱色谱中为什么极性大的组分要用极性较大的溶剂洗脱?

2.11　有机化合物的结构表征

在研究有机化合物的过程中,往往要对未知物的结构加以测定,或要对所合成的目的物进行验证结构。其经典的方法有降解法和综合法。经典的研究方法花费时间长,消耗样品多,操作手续繁杂。特别是一些复杂的天然有机物结构的研究,要花费几十年甚至几代人的精力。

近代发展起来的测定有机物结构的物理方法,可以在比较短的时间内,用很少量的样品,经过简单的操作就可以获得满意的结果。近代物理方法有多种,在有机化学中应用最广泛的波谱方法是紫外-可见光谱法、红外光谱法、核磁共振谱法(氢谱、碳谱),以及质谱法,一般简称"四谱"。

实验十四　紫外-可见吸收光谱测试

一、实验目的

(1)掌握紫外-可见吸收光谱分析的基本原理。

(2)掌握利用紫外-可见分光光度计测试液体溶液吸光度的方法,并绘制溶液的紫外可见吸收光谱图。

二、实验原理

1.紫外光谱及其产生

(1)紫外光谱的产生。物质分子吸收一定波长的紫外光时,电子发生跃迁所产生的吸收光谱称为紫外光谱。紫外光谱的波长范围为 $100\sim400$ nm,其中 $100\sim200$ nm 为远紫外区,$200\sim400$ nm 为近紫外区;可见光谱的波长范围为 $400\sim800$ nm。

(2)电子跃迁的类型。与电子吸收光谱(紫外光谱)有关的电子跃迁,在有机化合物中有三种类型,即 σ 电子、π 电子和未成键的 n 电子。电子跃迁的类型与能量关系如图 2-34 所示。

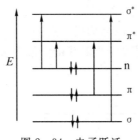

图 2-34　电子跃迁

由上图可见,有机化合物电子跃迁主要有 $\sigma\rightarrow\sigma*$、$n\rightarrow\sigma*$、$\pi\rightarrow\pi*$、$n\rightarrow\pi*$ 四种类型,它们的能量高低是 $\Delta E_{\sigma\rightarrow\sigma*}>\Delta E_{n\rightarrow\sigma*}>\Delta E_{\pi\rightarrow\pi*}>\Delta E_{n\rightarrow\pi*}$。

电子跃迁类型、吸收能量波长范围见表 2-8。

表 2-8 电子跃迁类型、吸收能量波长范围

跃迁类型	吸收能量的波长范围	代表有机物
$\sigma\rightarrow\sigma*$	~150 nm	烷烃
$n\rightarrow\sigma*$	低于 200 nm	醇、醚
$\pi\rightarrow\pi*$(孤立)	低于 200 nm	乙烯(162 nm)、丙酮(188 nm)
$\pi\rightarrow\pi*$(共轭)	$200\sim400$ nm	丁二烯(217 nm)、苯(255 nm)
$n\rightarrow\pi*$	$200\sim400$ nm	丙酮:(275 nm)　　乙醛 (292 nm)(295 nm)

紫外光谱法是研究物质分子对紫外的吸收情况来进行定性、定量和结构分析的一种

方法。

2. 紫外光谱分析

当光作用在物质上时,一部分被表面反射,一部分被物质吸收。改变入射光的波长时,不同物质对每种波长的光都有对应的吸收程度(A)或透过程度(T),可以做出这种物质在实验波长范围内的吸收光谱曲线或透过光谱曲线。用紫外-可见分光光度计可以作出材料在紫外光区和可见光区的对紫外光和可见光的吸收光谱曲线或透过光谱曲线。利用的是朗伯-比尔定律:

$$A = abc$$

上式中 A 为吸光度,a 为吸光系数,b 为光路长度,c 为物质浓度。

通过吸收光谱曲线或透过光谱曲线可以判断材料在紫外光区和可见光区的光学特性,为材料的应用作指导。例如,具有较高的紫外光吸收性能,可作为保温吸热等材料;具有较高的紫外光反射特性,可作为好的抗老化材料。除此以外,紫外-可见吸收光谱法还可用于物质的定量分析、定性分析、纯度鉴定和结构分析等。

三、仪器与试剂

仪器:紫外-可见分光光度计。

试剂:甲基橙、蒸馏水。

四、实验内容

(1)以去离子水为测试参比溶液进行基线校正。

(2)以去离子水为参比液,不同浓度的甲基橙溶液为测试样品,绘制不同浓度的溶液的紫外-可见吸收光谱图。

五、实验记录

甲基橙浓度/(mg/mL)	50	100	200	300	500
最大吸收波长(λmax/nm)					
吸光度(A)					

六、注意事项

(1)如测定过程中改变切换波长,必须重新进行基线校正。

(2)光谱图像要保存的,一定要另存,否则软件关闭后会丢失。

(3)比色皿光亮面一定要用擦镜纸擦拭,小心划伤。

七、思考题

(1)液态溶液样品浓度过大或过小,对紫外-可见吸收光谱法测量有何影响?

(2)物质与电磁辐射相互作用后,产生紫外-可见吸收光谱法的原因是什么?

实验十五　KBr 压片法测定苯甲酸的红外光谱

一、实验目的

(1)了解红外光谱分析法的基本原理。

（2）掌握用 KBr 压片法制备固体样品进行红外光谱测定的技术和方法。

二、实验原理

1. 基本概念

（1）红外光谱是由于分子吸收了红外光的能量之后发生振动能级和转动能级的跃迁而产生的一种吸收光谱。红外吸收光谱是由分子振动能级跃迁（同时伴随分子转动能级跃迁）而产生的。

（2）分子振动方程是以双原子分子为例，由经典力学中的胡克定律导出。

$$\nu=\frac{1}{2\pi}\sqrt{k\left(\frac{1}{m_1}+\frac{1}{m_2}\right)}$$

式中：ν——频率；

　　　k——化学键力常数；

　　　m_1、m_2——2 个原子的摩尔质量。

2. 红外光谱的表示方法及特征

用不同 λ、ν 的红外光照射样品，依次测定百分透射率（$T\%$），有时也用百分吸收率（$A\%$），然后以 $T\%$ 作纵坐标，以 λ 作横坐标，作图，即得一张红外光谱图。

由于吸收强度通常是用 $T\%$ 来表示，所以吸收愈强，曲线愈向下，红外光谱图上的那些"谷"，实际上是"吸收峰"，又称吸收带。纵坐标表示分子对某波长的红外光吸收的强度，横坐标指出了吸收峰出现的位置。在红外光谱图中，吸收峰一般不按其绝对吸光强度表示，而是粗略地分为：强（S）、弱（W）、中强（m）；并按形状分为：尖（sh）、宽（b）等。上述属性均是分子振动能级跃迁而引起的，而且均与分子的构造有严格的因果关系。

3. 有机化合物的红外光谱

红外光谱图由于下述原因致使很复杂的：①振动多，跃迁多，因此吸收带也多。②由于吸收带多，特征频率就会出现重叠而被掩盖。③倍频率的存在（在基本频率两倍大的频率处出现吸收带）。④振动之间偶合。⑤特征频率还会受其他结构因素的影响。

红外光谱复杂，以至于谱图中的很多吸收带至今还不能作出解释。特别是指纹区，除个别吸收带明显可看出是特征吸收峰之外，其他大多数峰不能解释。但是，一个红外光谱的某一段总是可以解释的，尤其是特征区。由此，我们可以大体上了解在一定区域内出现吸收带是由于哪种键的振动而产生的，这对测定分子的结构是大有帮助的。

我们学习的红外光谱主要是指有机化合物对中红外光（4000～400 cm^{-1}）的选择性吸收来进行定性和定量分析。按照红外光谱与分子结构的特征，可将红外光谱图按波数大小划分为六个区域：①4000～2500 cm^{-1}，②2500～2000 cm^{-1}，③2000～1500 cm^{-1}，④1500～1300 cm^{-1}，⑤1300～910 cm^{-1}，⑥910 cm^{-1} 以下。其中 Ⅰ～Ⅳ 区域称为官能团区，Ⅴ 和 Ⅵ 区域称为指纹区。

（1）官能团区。在这个区域，每个红外吸收峰都和一定官能团相对应，原则上每个吸收峰均可找到归属。

Ⅰ. 4000～2500 cm^{-1}，这是 X—H（X：C、H、O、S 等）伸缩振动产生的吸收峰区域。如：羟基、氨基、烃基、巯基等的伸缩振动。

Ⅱ. 2500～2000 cm^{-1}，这是叁键和累积双键的伸缩振动产生的吸收峰区域。如：C≡C、C≡N、C＝C＝C、N＝C＝O。

在这个区域内，除有时作图未能扣除 CO_2 的吸收外，此区域内任何小的吸收峰都应引起注意，它们都能提供结构信息。

Ⅲ. 2000～1500 cm^{-1}，这是双键伸缩振动产生的吸收峰区域，这是红外谱图中很重要的区域。如：C＝O、C＝C、C＝N、N＝O 及苯环骨架振动等。

Ⅳ. 1500～1300 cm^{-1}，此区域最主要提供了 C—H 变形振动的信息。除此之外，还包括苯环骨架振动以及硝基的对称伸缩振动吸收峰。

（2）指纹区。在此区域，红外吸收峰很多，大量吸收峰仅显示了化合物的红外特征，其中大部分不能找到归属。但这大量的吸收峰表示了化合物分子的具体特征，犹如人的指纹一样。也就是说，有机化合物的结构不同，在此区域的红外光谱就不同。

Ⅴ. 1300～910 cm^{-1}，所有单键（除 X—H 外）的伸缩振动频率、分子骨架振动频率都在这个区域，部分含氢基团的变形振动和一些含重原子的双键（如 P＝O、P＝S）的伸缩振动频率也在此区域。此区域的红外吸收频率信息十分丰富。

Ⅵ. 910 cm^{-1} 以下。

①苯环因取代而产生的吸收峰（900～650 cm^{-1}）是这个区域很重要的信息，是判断苯环取代位置的主要依据。吸收源于苯环 C—H 的变形振动。

②烯烃的 C—H 变形振动频率处于本区及上一区。对于判断烯烃取代类型很重要。

③(CH$_2$)n(n=1～4)的 C—H 变形振动频率处于本区。

$n=1$　　　　　　　　σ:770～785 cm^{-1}

$n=2$　　　　　　　　σ:740～750 cm^{-1}

$n=3$　　　　　　　　σ:730～740 cm^{-1}

$n\geqslant4$　　　　　　　　σ:720 cm^{-1}

三、仪器与试剂

仪器：美国热电公司 Nicolet5700 智能傅立叶红外光谱仪、HY－12 型手动液压式红外压片机及配套压片模具、磁性样品架、红外灯干燥器、玛瑙研钵等。

试剂：苯甲酸样品（AR）、KBr（光谱纯）、无水丙酮、无水乙醇。

四、实验步骤

1. 红外光谱仪的准备

（1）打开红外光谱仪的电源开关，待仪器稳定 30 min 以上，方可测定。

（2）打开电脑，打开 OMNIC E. S. P 软件；在 Collect 菜单下的 Experiment Set-up 中设置实验参数。

（3）实验参数设置：分辨率 4 cm^{-1}，扫描次数 32，扫描范围 4000～400 cm^{-1}；纵坐标为透过率。

2. 固体样品的制备

（1）取干燥的苯甲酸试样约 1 mg 于干净的玛瑙研钵中，在红外灯下研磨成细粉，再加入约 150 mg 干燥且已研磨成细粉的 KBr 一起研磨至二者完全混合均匀，混合物粒度约为

2 μm以下(样品与 KBr 的质量比为 1∶200～1∶100)。

(2)取适量的混合样品于干净的压片模具中,堆积均匀,用手压式压片机用力加压约30 s,制成透明试样薄片。

3. 样品的红外光谱测定

(1)小心取出试样薄片,装在磁性样品架上,放入傅立叶红外光谱仪的样品室中,在选择的仪器程序下进行测定,通常先测 KBr 的空白背景,再将样品置于光路中,测量样品红外光谱图。

(2)扫谱结束后,取出样品架,取下薄片,将压片模具、试样架等擦洗干净置于干燥器中保存好。

4. 数据处理

(1)对所测谱图进行基线校正及适当平滑处理,标出主要吸收峰的波数值,储存数据后,打印谱图。

(2)用仪器自带软件对图谱进行检索,并判别各主要吸收峰的归属,得出化合物的结构,并与已知结构进行对比。

五、注意事项

(1)实验室环境应该保持干燥。

(2)确保样品与药品的纯度与干燥度。

(3)在制备样品的时候要迅速以防止其吸收过多的水分,影响实验结果。

(4)试样放入仪器的时候动作要迅速,避免空气的流动,影响实验的准确性。

(5)KBr 压片的过程中,粉末要在研钵中充分磨细,且于压片机上制得的透明薄片厚度要适当。

六、思考题

(1)为什么测试粉末固体样品的红外光谱时选用 KBr 制样?有何优、缺点?

(2)用 FT-IR 仪测试样品的红外光谱时,为什么要先测试背景?

(3)如何用红外光谱鉴定饱和烃、不饱和烃和芳香烃的存在?

(4)醇类、羧酸和脂类化合物的红外光谱有何区别?

第三部分　应用有机化学实验

3.1　油类物质的测定

实验十六　天然水中油类污染物的测定

一、实验目的

(1)加深对环境中油类污染的认识,掌握油类的分析方法和技术。

(2)学会使用紫外分光光度计。

二、实验原理

石油类含有的具有共轭体系的物质在紫外光区有特征吸收峰。带有苯环的芳香族化合物主要吸收波长为250~260 nm,带有共轭双键的化合物主要吸收波长为215~230 nm。一般原油的两个吸收峰波长为225 nm及256 nm,其他油品如燃料油、润滑油等的吸收峰也与原油相近。本方法测定波长选为256 nm,最低检出浓度为0.05 mg/L,测定上限为10 mg/L。

三、仪器与试剂

仪器:紫外分光光度计(具有1 cm石英比色皿)、分液漏斗、容量瓶。

试剂:油标准储备液、石油醚(60~90 ℃)、(1+1)硫酸、氯化钠、蒸馏水。

四、实验步骤

1. 石油醚纯化

将石油醚通过变色硅胶柱后收集于试剂瓶中。以水为参比,在256 nm处透光率应大于80%。

2. 标准曲线绘制

把油标准储备液用石油醚稀释为0.100 mg/mL的油标准液。向7个10 mL比色管中依次加入油标准液0 mL、0.5 mL、1.0 mL、2.0 mL、5.0 mL、7.0 mL、10.0 mL,用石油醚稀释至刻线。最后在波长256 nm处,用1 cm石英比色皿,以石油醚为参比液测定标准系列的吸光度,并绘制标准曲线。

3. 水中油类化合物的抽提

将水样500 mL全部倾入1000 mL分液漏斗中,加入5 mL(1+1)硫酸(若水样取样时已酸化,可不加)及20 g氯化钠,加塞摇匀,用15 mL石油醚洗采样瓶,并把此洗液移入分液漏斗中,充分振荡2 min(注意放气),静置分层。把下层水样放入原采样瓶中,上层石油醚放入25 mL容量瓶中,再加入10 mL石油醚,重复抽提水样一次,合并提取液于容量瓶中。加入石油醚至刻线,摇匀。若容量瓶里有水珠或浑浊,可加少量无水硫酸钠脱水。

4. 测定

在波长 256 nm 处,用 1 cm 石英比色皿,以脱芳烃的石油醚为参比,测定其吸光度,并在标准曲线上查出相应浓度值。

五、数据处理

$$c_{油} = \frac{c \times V_2}{V_1}$$

式中:c——从标准曲线上查出的相应浓度,mg/L;

V_1——被测水样体积,mL;

V_2——石油醚定容体积,mL。

六、注意事项

(1)采集的样品必须有代表性,一般在水表面以下 20～50 cm 处取水样。

(2)为了保存水样,采集样品之前,可向瓶里加入硫酸[每升水样加 5 mL(1+1)硫酸],使水样 pH<2,以抑制微生物活动,于低温下(<4 ℃)保存。在常温下,样品可保存 24 h。

(3)(1+1)硫酸指浓硫酸(密度 1.84 g/mL)和蒸馏水 1:1 体积比的混合硫酸。

(4)油标准贮备液:用 20 号重柴油、15 号机油或其他认定的标准油品配制。准确称取标准油品 0.1000 g 溶于石油醚中,移至 100 mL 容量瓶中,并用石油醚稀释至标线,此溶液每 mL 含 1.00 mg 油,贮于冰箱备用。

(5)采样瓶应为定容的(如 500 mL 或 1000 mL)清洁玻璃瓶,用溶剂清洗干净,勿用肥皂洗。每次采样时,应装水至刻度线。

七、思考题

(1)采集的水样中为什么要加(1+1)硫酸?

(2)简述水中油类污染物的危害。

实验十七 石油产品馏程的测定

一、实验目的

(1)了解石油产品馏程测定方法与意义。

(2)学会用蒸馏法测定石油产品馏程。

二、实验原理

石油是由各种不同烃类及很少量非烃类组成的复杂混合物,不仅含有不同种类的烃,而且在同一类烃中含碳原子数多少也是不同的。因此,石油没有固定的沸点,而只能测出其沸点范围,即从最低沸点到最高沸点范围。

馏程是指在专门蒸馏仪器中,所测得液体试样的蒸馏温度与馏出量之间以数字关系表示的油品沸腾温度范围。常以馏出物达到一定体积百分数时读出的蒸馏温度来表示。馏程的蒸馏过程不发生分馏作用。在整个蒸馏过程中,油中的烃类不是按照各自沸点的高低被逐一蒸出,而是以连续增高沸点的混合物的形式蒸出,也就是说当蒸馏液体石油产品时,沸点较低的组分,蒸气分压高,首先从液体中蒸出,同时携带少量沸点较高的组分一起蒸出,但也有些沸点较低的组分留在液体中,与较高沸点的组分一起蒸出。因此,馏程测定中的初馏点、干点以及中间馏分的蒸气温度,仅是粗略确定其应用性质的指标,而不代表其真实沸点。

对于蜡油、重柴油、润滑油等重质石油产品,它们的馏程都在 350 ℃ 以上的温度,当使用常压蒸馏方法进行蒸馏,其蒸馏温度达到 360～380 ℃ 时,高分子烃类就会受热分解,使产品性质改变而难于测定其馏分组成。由于液体表面分子逸出所需的能量随界面压力的降低而降低,因此可以降低界面压力以降低烃类的沸点,避免高分子烃类受热分解,保证原物质的性质。在低于常压的压力下进行的蒸馏操作就是减压蒸馏。用减压蒸馏方法测得的石油产品馏出百分数与相对应的蒸馏温度所组成的一组数据,称为石油产品减压馏程。减压蒸馏在某一残压下所读取的蒸馏温度,用常、减压温度换算图换算为常压的蒸馏温度,而馏出量用体积百分数表示。

馏程是评定液体燃料蒸发性的重要质量指标。它既能说明液体燃料的沸点范围,又能判断油品组成中轻重组分的大体含量,对生产、使用、贮存等各方面都有着重要的意义。

测定馏程可大致看出原油中含有汽油、煤油、轻柴油等馏分数量的多少,从而决定一种原油的用途和加工方案;在炼油装置中,通过控制或改变操作条件,使产品达到预定的指标;测定燃料的馏程,可以根据不同的沸点范围,初步确定燃料的种类;测定发动机燃料的馏程,可以鉴定其蒸发性,从而判断油品在使用中的适用程度;定期测定馏程可以了解燃料的蒸发损失及是否混有其他种类油品。

三、仪器与试剂

仪器:蒸馏烧瓶、冷凝管、电热套、温度计、接收器、量筒、秒表等。

试剂:汽油。

四、实验步骤

1. 装样

用清洁、干燥的量筒取 50 mL 汽油,倒入 100 mL 蒸馏瓶中,加入 2～3 粒沸石。安装好蒸馏装置,打开冷凝水,开始加热,注明蒸馏开始时间。

2. 调整加热强度

记录初馏点(第一滴冷凝液瞬时所观察到的温度计读数)后,则立即移动量筒,使接引管尖端与量筒内壁相接触,让馏出液沿量筒内壁流下。调节加热强度,使从汽油初馏点到 5% 回收体积的时间是 60～100 s;从 5% 回收体积到蒸馏烧瓶中剩 5mL 残留物的冷凝平均速率是 4～5 mL/min,蒸馏速度要均匀。如果不符合上述条件,就要重新进行蒸馏。

3. 记录数据并观察实验现象

记录初馏点、终馏点或干点,在 5%、15%、85% 和 95% 回收体积时的温度读数,以及 10%～90% 回收体积之间每 10% 回收体积倍数时的温度读数。记录量筒中液体体积,要精确至 0.5 mL,记录所有温度计读数,要精确至 0.5 ℃。如果观察到分解点(蒸馏烧瓶中由于热分解而出现烟雾时的温度计读数),则应停止加热,并按步骤 5 的规定进行。

4. 加热强度的最后调整

当在蒸馏烧瓶中的残留液体约为 5 mL 时,再调整加热强度,使此时到终馏点的时间不超过 5 min。如果未满足此条件,就需对最后加热调整进行适当修改,并重新实验。(注:由于蒸馏烧瓶中剩余 5 mL 沸腾液体的时间难以确定,可用观察接收量筒内回收液体的数量来确定。如果没有轻组分损失,蒸馏烧瓶中 5 mL 的液体残留量可认为对应于接收量筒内93.5 mL 的量。这个量需根据轻组分损失估计值进行修正。如果实际的轻组分损失与估计值相差大于 2 mL,就应重新进行实验。)

5.记录回收体积

根据需要观察并记录终馏点或干点,并停止加热。加热停止后,使馏出液完全滴入接收量筒内。在冷凝管继续有液体滴入量筒时,每隔 2 min 观察一次冷凝液体积,直至相继两次观察的体积一致为止,精确记录读数。如果出现分解点,而预先停止了蒸馏,就应从 100% 减去最大回收体积分数,报告此差值为残留量和损失,并省去步骤 6。

6.量取残留百分数

待蒸馏烧瓶冷却后,将其内残留液倒入 5mL 量筒中,并将蒸馏烧瓶悬垂于 5 mL 量筒之上,让蒸馏瓶排油,直至量筒液体体积无明显增加为止。记录量筒中的液体体积,精确至0.1 mL,作为总残留百分数。

7.计算损失百分数

最大回收百分数和残留百分数之和为总回收百分数。从 100% 减去总回收百分数,可得出损失百分数。

五、实验数据记录与处理

石油名称			大气压		室温		实验日期			
P_R/%	第一次		第二次		平均值	校正值	平行测定差	允许值	P_E/%	校正 t_E/℃
	t/℃ 或 V/%	T/min	t/℃ 或 V/%	T/min						
初馏点								3.3	5	
5								$1.9+0.86Sc$	10	
10								$1.2+0.86Sc$	15	
15								$1.2+0.86Sc$	20	
20								$1.2+0.86Sc$	30	
30								$1.2+0.86Sc$	40	
40								$1.2+0.86Sc$	50	
50								$1.2+0.86Sc$	60	

续表

P_R/%	第一次		第二次		平均值	校正值	平行测定差	允许值	P_E/%	校正 t_E/℃
	t/℃或 V/%	T/min	t/℃或 V/%	T/min						
60								$1.2+0.86Sc$	70	
70								$1.2+0.86Sc$	80	
80								$1.2+0.86Sc$	85	
85								$1.2+0.86Sc$	90	
90								$1.2+0.86Sc$	95	
终馏点								3.9		
R_{max}/%										
残留量/%										
L/%										

石油名称　　　大气压　　　室温　　　实验日期

注：P_R 为回收百分数，%；t 为对应的观察值温度读数，℃；T 为时间间隔或总时间，min；P_E 为蒸发百分数，%；校正 t_E 为校正后的蒸发温度，℃；R_{max} 为观察的最大回收百分数，%；L 从试验数据计算得出的损失百分数，%。

六、名词解释

(1)初馏点：从冷凝管的末端滴下第一滴冷凝液瞬时所观察到的校正温度计读数。

(2)干点：最后一滴液体(不包括在蒸馏烧瓶壁或温度测量装置上的任何液滴或液膜)从蒸馏烧瓶中的最低点蒸发瞬时所观察到的校正温度计读数。

(3)终馏点或终点：实验中得到的最高校正温度计读数为终馏点或终点。终馏点或终点通常在蒸馏烧瓶底部的全部液体蒸发之后出现，常被称为最高温度。

(4)分解点：与蒸馏烧瓶中液体出现热分解初始迹象相对应的校正温度计读数。在使用中一般采用终馏点，而不用干点。对于一些有特殊用途的石脑油，如油漆工业用石脑油，可以报告干点。当某些样品的终馏点测定精密度不是总能达到所规定的要求时，也可以用干点代替终馏点。

(5)分解：烃分子经热分解或裂解生成比原分子具有更低沸点的较小分子的现象。热分解特性表现为在蒸馏烧瓶中出现烟雾，且温度计读数不稳定，即使在调节加热后，温度计读数通常仍会下降。

(6)回收百分数：在观察温度计读数的同时，接收量筒内观测得到的冷凝物体积百分数。

(7)残留百分数：蒸馏烧瓶冷却后存于烧瓶内残油的体积百分数。

(8)最大回收百分数:由于出现分解点蒸馏提前终止,记录接收量筒内液体体积相应的回收百分数。

(9)总回收百分数:最大回收百分数与残留百分数之和。

(10)损失百分数:100%减去总回收百分数。

(11)蒸发百分数:回收百分数与损失百分数之和。

(12)轻组分损失:试样从接收量筒转移到蒸馏烧瓶的挥发损失、蒸馏过程中试样的蒸发损失和蒸馏结束时蒸馏烧瓶中未冷凝的试样蒸气损失。

(13)校正损失:经大气压校正后的损失百分数。

(14)校正回收百分数:用式(3-4)对观测损失与校正损失之间的差异进行校正后的最大回收百分数。

(15)动态滞留量:在蒸馏过程中出现在蒸馏烧瓶的瓶颈、支管和冷凝管中的物料。

(16)对温度计读数进行大气压力修正

温度计读数修正方法有计算法和查表法(略)两种。馏出温度按式(3-1)计算修正值 C:

$$C = 0.0009(101.3 - p_k)(273 + t)$$
$$或 C = 0.00012(760 - p)(273 + t) \tag{3-1}$$

按下式计算至标准大气压下的温度值 t_c:

$$t_c = t + C \tag{3-2}$$

式中:t_c——修正至 101.3kPa 时的温度计读数,单位为℃;

　　　t ——观察到的温度计读数,单位为℃;

　　　C——温度计读数修正值,单位为℃;

　　　p_k,p—试验时的大气压力,单位分别为 kPa 和 mmHg。

(17)校正损失。

当温度读数修正到 101.3 kPa 时,须对实际损失百分数进行校正。校正损失按下式计算:

$$L_c = 0.5 + \frac{L - 0.5}{1 + \dfrac{101.3 - p_k}{8.0}} \tag{3-3}$$

式中:L_c——校正损失,单位为%;

　　　L——从试验数据计算得出的损失百分数,单位为%;

　　　p_k——试验时的大气压力,单位为 kPa。

(18)校正回收百分数。

相应校正回收百分数按下式计算。

$$R_c = R_{max} + (L - L_c) \tag{3-4}$$

式中:R_c——校正回收百分数,单位为%;

　　　R_{max}——观察的最大回收百分数(接受量筒内冷凝液体体积),单位为%;

　　　L——从试验数据计算得出的损失百分数,单位为%;

　　　L_c——校正损失,单位为%。

(19)蒸发百分数和蒸发温度,由于测定过程中,直接读取回收体积与其对应的温度,而汽油要求报告蒸发百分数和温度之间的关系,因此需通过对回收百分数(P_R)和对应温度换算求得蒸发百分数(P_E)和蒸发温度(t_E),换算方法有计算法和图解法(略)分别按以下两式计算:

$$P_E = P_R + L \tag{3-5}$$

式中:P_E——蒸发百分数,单位为%;

P_R——回收百分数,单位为%;

L——观测损失,单位为%。

$$t_E = t_L + \frac{(t_H - t_L)(P_R - P_{RL})}{P_{RH} - P_{RL}} \tag{3-6}$$

式中:t_E——蒸发温度,单位为℃;

P_R——对应规定蒸发百分数时的回收百分数,单位为%;

P_{RL}——临近并低于 P_R 的回收百分数,单位为%;

P_{RH}——临近并高于 P_R 的回收百分数,单位为%;

t_L——在 P_{RL} 时的温度计读数,单位为℃;

t_H——在 P_{RH} 时的温度计读数,单位为℃。

3.2　煤焦油成分的测定

实验十八　煤焦油中甲苯不溶物的测定

一、实验目的

(1)了解煤焦油中甲苯不溶物测定的意义。

(2)学会脂肪抽提器提取甲苯不溶物的方法。

二、实验原理

甲苯不溶物是不溶于热甲苯的物质。甲苯不溶物是煤焦油中固体有机物杂质,它是由多种不同化学成分的高相对分子质量碳氢化合物组成,是煤沥青焙烧形成黏结焦的主要组分,该组分具有热可塑性,并参与生成焦炭网格,其结焦值可达 90%～95%,对骨料焦结起重要作用。甲苯不溶物会对加氢设备、催化剂和产品质量造成一定的危害,尤其会使加氢反应器床层严重堵塞,因此,分析甲苯不溶物对于安全生产和产品质量有着非常重要的意义。

目前,甲苯不溶物的分析方法主要用溶剂萃取分离法,该方法的主要操作是将煤焦油放进脂肪抽提器中,用热甲苯连续洗涤,称出残渣质量,算出甲苯不溶物含量。

三、仪器与试剂

仪器:脂肪抽提器、滤纸、干燥箱、通风柜、烧杯、玻璃棒、脱脂棉球、砂浴、蒸馏瓶、称量瓶。

试剂:煤沥青、甲苯。

四、实验步骤

(1)将外层 150 mm 和内层 125 mm 的滤纸叠成直径约 25 mm 的双层滤纸筒,纸筒中放入一小块脱脂棉球,一起在甲苯中浸泡 24 h 后取出,置于称量瓶中,在通风柜中使大部分甲苯挥发后,放入 105～120 ℃的干燥箱中干燥至恒重(两次之差不超过 0.001 g)备用。

(2)称取混合均匀的试样 3 g(称准至 0.0002 g)置于已恒重过的滤纸筒中。

(3)将有试样的滤纸筒立即浸入装有 60 mL 甲苯的 100 mL 烧杯中待甲苯渗入纸筒后,用头部光滑的玻璃棒轻轻搅拌纸筒中的试样和甲苯 2 min,使试样均匀分散在甲苯上,浸泡 15 min 后取出滤纸筒,待其滤干,并用已干燥恒重过的脱脂棉球将玻璃棒擦净后,将脱脂棉放入滤纸筒内。

(4)将滤纸筒放入脂肪抽提器的抽出筒中,使滤纸筒上缘高出液面 20 mm 左右。

(5)往脂肪抽提器的蒸馏瓶中倒入 150 mL 甲苯,装上抽出筒和冷却管,将脂肪抽提器置于砂浴上,通入冷却水加热回流,回流速度控制在 1.5 min 左右漫流一次,抽提 2 h(总漫流次数约 80 次)直至回流液呈微黄色接近无色为止。

(6)停止加热,稍冷后取出滤纸筒,置于原称量瓶中,不加盖在通风柜中使大部分甲苯挥发后,放入 105～120 ℃的干燥箱中干燥 2 h。

(7)加上磨口盖,取出后置于干燥器中冷却至室温,称重,再干燥 0.5 h,进行恒重检查,直到连续两次质量差在 0.0001 g 以内为止。

五、实验数据处理

煤焦油(无水基)甲苯不溶物按下式计算。

$$X_g = \frac{m_2 - m_1}{m} \times \frac{100}{100 - W_f} \times 100$$

式中:X_g——甲苯不溶物含量,%;

m ——试样质量,g;

m_1——滤纸筒、脱脂棉、称量瓶总质量,g;

m_2——滤纸筒、脱脂棉、称量瓶、甲苯不溶物总质量,g;

W_f——煤焦油分析试样中的水分,%。

六、注意事项

(1)甲苯有毒,操作要在通风柜中进行。

(2)实验过程要认真细心,两次平行试验结果间误差不得超过 0.6%。

七、思考题

(1)为什么要测定煤焦油中的甲苯不溶物?

(2)滤纸筒和脱脂棉球为什么要在甲苯中浸泡 24 h?

实验十九 煤焦油中水分的测定

一、实验目的

(1)了解蒸馏法测定煤焦化产品中水分的方法。

（2）熟悉蒸馏操作。

二、实验原理

根据煤焦油与水的溶沸点的不同,蒸馏冷凝出水分,水分质量占试样质量的百分数即为水分含量。

三、仪器与试剂

仪器:500 mL 蒸馏烧瓶、直形冷凝管、接引管、量筒、电热套。

试剂:煤沥青、甲苯(无水)。

四、实验步骤

取粉碎的小于 13 mm 的煤沥青试样 100 g,量取甲苯 50 mL 置于洁净、干燥的蒸馏瓶中,摇匀。连接蒸馏装置,冷凝管上端用少许脱脂棉塞住,以防空气中的水分在冷却管内部凝结。加热煮沸,使冷凝液以每分钟 2~5 滴的速度滴下。当接收器中水分在增加时,继续增大电压,加热数分钟,停止蒸馏。待接收器里的液体温度达到室温时,读取并记录水层体积。如接收管的内液体浑浊则将接收管放入温水中,使其澄清,然后冷却到室温读数。

五、实验数据处理

试样水分含量按下式计算:

$$W_f = \frac{V}{m} \times 100$$

式中:W_f——试样水分含量,%;

V——接收管中水分的体积,mL;

m——试样的质量,g。

(注:假定接收管里水的密度在室温时为 1.00 g/mL)

六、注意事项

（1）测样的仪器必须干燥。

（2）根据被测物质中预计的水分含量,选取适当的接收器。

（3）控制好电热套电压与加热温度,使馏出液的滴速均匀。

七、思考题

（1）本实验选用的接收器是什么仪器？对接收器有什么要求？

（2）在什么时候停止蒸馏？

3.3　有机化合物的制备

实验二十　固体酒精的制备

一、实验目的

掌握固体酒精的配制原理和实验方法。

二、实验原理

酒精的化学名是乙醇,易燃,燃烧时无烟无味,安全卫生。由于酒精是液体,较易挥发,携带不方便,所以用作燃料使用、存储也不便。针对以上缺点,将酒精制成固体,降低了挥发性且易于包装和携带,使用时更加安全、方便。

硬脂酸与氢氧化钠混合后将发生反应:

$$C_{17}H_{35}COOH + NaOH \longrightarrow C_{17}H_{35}COONa + H_2O$$

反应生成的硬脂酸钠是一个长碳链的极性分子,室温下不易溶于酒精,在较高的温度下硬脂酸钠可以均匀地分散在液体酒精中,冷却后形成凝胶体系,使酒精分子被束缚于相互连接的大分子之间,呈不流动状态,从而形成固体状态的酒精。

三、仪器与试剂

仪器:圆底烧瓶(250 mL)、回流冷凝管、水浴锅、烧杯(100 mL)。

试剂:酒精(工业酒精,浓度为95%)、硬脂酸、氢氧化钠、10%硝酸铜、10%硝酸钴。

四、操作步骤

称取0.8 g氢氧化钠加入250 mL圆底烧瓶中,再加入80 mL工业酒精和数粒沸石,安装回流冷凝管,水浴加热回流,至固体完全溶解。

在100 mL烧杯中加入5 g硬脂酸和20 mL酒精,在水浴上温热至硬脂酸全部溶解,然后从冷凝管上端将烧杯中的物料加入含有氢氧化钠和酒精的圆底烧瓶中,摇动使其混合均匀。维持水浴温度在70 ℃左右,搅拌,回流反应10 min后,一次性加入0.6 mL10%的硝酸铜溶液再反应5 min后,停止加热,冷却至60 ℃,再将溶液倒入模具中,自然冷却后得到蓝绿色的固体酒精。若改用一次性加入0.1 mL10%的硝酸钴溶液,可得浅紫色的固体酒精。

实验流程如下:

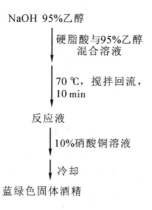

五、注意事项

(1)反应温度要控制在70℃,温度太低,产物不能完全固化;温度过高,产物固化不均匀。

(2)硬脂酸用量不足时,液体凝固不好。

六、思考题

(1)在制备固体酒精时,有时也会使用硅酸钠,其在制备过程中起到何种作用?

(2)本实验降低燃烧残渣的措施是什么?

实验二十一　防腐剂苯甲酸的制备

一、实验目的

(1)学习苯环支链上的氧化反应。

(2)掌握减压过滤和重结晶提纯的方法。

二、实验原理

氧化反应是制备羧酸的常用方法。芳香族羧酸通常用氧化含有 α— H 的芳香烃的方法来制备。芳香烃的苯环比较稳定,难于氧化,而环上的支链在强裂氧化时,最终都被氧化成羧基。

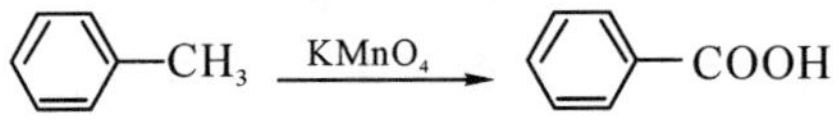

三、仪器与试剂

仪器:250 mL 圆底烧瓶、球形冷凝管、天平、量筒、加热套、布氏漏斗、抽滤瓶等。

试剂:甲苯、高锰酸钾、浓盐酸、活性炭、蒸馏水。

四、实验装置

苯甲酸的制备装置图如图 3-1 所示。

图 3-1　苯甲酸的制备装置图

五、实验步骤

(1)在 250 mL 圆底烧瓶中放入 2.7 mL 甲苯和 100 mL 蒸馏水,瓶口装上冷凝管,加热至沸腾。经冷凝管上口分批加入 8.5 g 高锰酸钾。黏附在冷凝管内壁的高锰酸钾用 25 mL 水冲入烧瓶中,继续煮沸并时常摇动烧瓶,至甲苯层消失,回流液中不再出现油珠为止(约需 4~5 h)。

(2)反应混合物趁热减压过滤,用少量热水洗涤滤渣。合并滤液和洗涤液,并放入冷水浴中冷却,然后用浓盐酸酸化,直到溶液呈强酸性,苯甲酸全部析出为止(若滤液呈紫色,可加入亚硫酸氢钠除去)。

(3)将析出的苯甲酸抽气过滤,用少量水洗涤,挤压去水分,放在表面皿上晾干、称量、计算产率。可得粗品约 1.7 g。粗产品可用热水重结晶,纯苯甲酸为无色针状晶体,熔点为122.4 ℃。

实验流程如下:

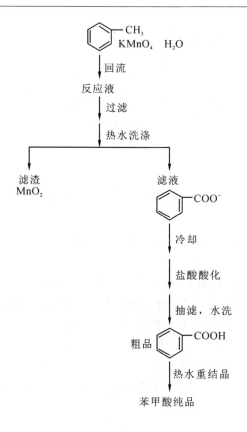

六、注意事项

(1)一定要等反应液沸腾后(高锰酸钾只溶于水不溶于有机溶剂),高锰酸钾分批加入,避免反应激烈从回流管上端喷出。

(2)在苯甲酸的制备中,抽滤得到的滤液呈紫色是由于里面还有高锰酸钾,可加入亚硫酸氢钠将其除去。

七、思考题

(1)反应完毕后,若滤液呈紫色,加入亚硫酸氢钠有什么作用?

(2)在制备苯甲酸过程中,加入高锰酸钾时,如何避免瓶口附着?实验完毕后,粘附在瓶壁上的黑色固体物是什么?如何除去?

(3)在该实验中,影响苯甲酸产量的主要因素有哪些?

八、微量制备(相转移催化法)

在 10 mL 圆底烧瓶中,放入 825 mg 高锰酸钾、100 mg 碳酸钠、3 mL 蒸馏水及搅拌磁子。安装回流冷凝装置,开启磁力搅拌并温热使烧瓶中试剂溶解,稍冷却后加入 0.25 mL 甲苯和 10 mg 硫酸氢四正丁基铵,在搅拌下砂浴加热回流,当紫色大部分消失(约需 45 min),趁热加入适量的亚硫酸氢钠至紫色消失。在铺有硅藻土的小漏斗上抽滤(助滤剂,防止二氧化锰漏到滤液中),分出二氧化锰,用 0.5 mL 水漂洗烧瓶,合并一起过滤,必要时可慢慢滴加亚硫酸氢钠饱和溶液到滤液中破坏过量的高锰酸钾,但亚硫酸氢钠不能太多。用冷水冷却滤液,加入 0.6 mL 浓盐酸酸化,抽滤、收集晶体,用 1 mL 冷水洗涤晶体,得到粗品,用水重结晶,干燥、称重。

实验二十二　香料乙酸正丁酯的制备

一、实验目的

(1)学习酯的合成反应和机理,掌握乙酸正丁酯的制备方法。

(2)学习利用分水器进行共沸蒸馏装置的安装和使用,进一步掌握简单蒸馏操作。

二、实验原理

主反应:

$$CH_3COOH + CH_3CH_2CH_2CH_2OH \xrightleftharpoons{浓H_2SO_4} CH_3COOCH_2CH_2CH_2CH_3 + H_2O$$

副反应:

$$CH_3CH_2CH_2CH_2OH \xrightarrow{浓H_2SO_4} CH_3CH_2CH{=}CH_2\uparrow + H_2O$$

$$CH_3CH_2CH_2CH_2OH \xrightarrow{浓H_2SO_4} (CH_3CH_2CH_2CH_2)_2O + H_2O$$

酯化反应常用的酸催化剂有:浓硫酸、磷酸等质子酸,也可用固体超强酸及沸石分子筛等。酯化反应是可逆反应,即在达到平衡时,反应物和产物各占一定比例。对于这样的反应,加热和加催化剂,能加速反应,但不能提高产率。而只有增大反应物浓度或减少生成物浓度,使平衡向正方向移动才能提高产率。

本实验采用回流分水装置,随时将反应中所生成的水从体系中除去,以使平衡向正方向进行,从而提高产率。

三、仪器与试剂

仪器:球形冷凝管、直形冷凝管、分水器、接引管、50 mL 圆底烧瓶、150 ℃温度计、锥形瓶、烧杯、电热套、分液漏斗、量筒、天平等。

试剂:正丁醇、冰醋酸、浓硫酸、10%碳酸钠溶液、无水硫酸镁。

四、实验装置

乙酸正丁酯的制备反应装置图如图 3-2 所示。

图 3-2　乙酸正丁酯的制备反应装置图

五、实验步骤

在 50 mL 圆底烧瓶中,加入 11.5 mL 正丁醇,7.2 mL 冰醋酸和 3~4 滴浓 H_2SO_4(催化反应),混匀,加数粒沸石;接上回流冷凝管和分水器;在分水器中预先加少量水至略低于支管口(约为 1~2 cm),目的是使上层酯中的醇回流到烧瓶中继续参与反应,用笔作记号并加热至回流,记下第一滴回流液滴下的时间,并控制冷凝管中的液滴流速为 1~2 滴/秒。反应一段时间后,把水分出并保持分水器中水层液面在原来的高度;大约 40 min 后,不再有水生成(即液面不再上升),表示完成反应;停止加热,记录分出的水量。

冷却后卸下回流冷凝管,把分水器中的酯层和圆底烧瓶中的反应液一起倒入分液漏斗中。在分液漏斗中加入 10 mL 水洗涤,并除去下层水层(除去乙酸及少量的正丁醇);有机相继续用 10 mL 10%Na₂CO₃溶液洗涤至中性(除去硫酸);上层有机相再用 10 mL 的水洗涤除去溶于酯中的少量无机盐,最后将有机层倒入小锥形瓶中,用无水可硫酸镁干燥。

将干燥后的乙酸正丁酯倒入干燥的 30 mL 蒸馏烧瓶中(注意不要把硫酸镁倒进去),加入 2 粒沸石,安装好蒸馏装置,加热蒸馏。收集 124~126 ℃的馏分,称量,计算产率。

产量:10~11 g。

纯乙酸正丁酯是无色液体,沸点为 126.5 ℃,相对密度为 0.882,折光率为 1.3941。

实验流程如下:

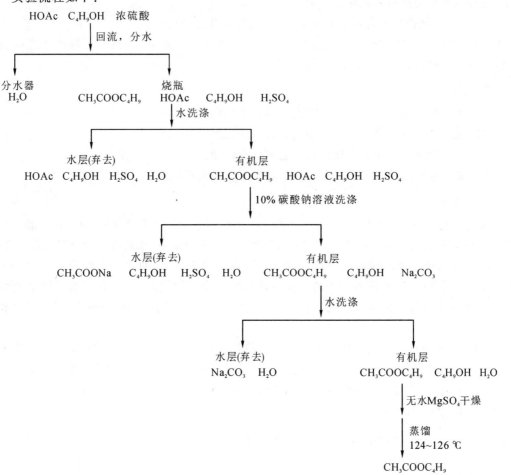

六、注意事项

(1)在加入反应物之前,仪器必须干燥。

(2)高浓度醋酸在低温时凝结成冰状固体(熔点 16.6 ℃)。可用温水浴加热使其熔化后量取。注意不要碰到皮肤,防止烫伤。

(3)浓硫酸起催化剂作用,只需少量即可;滴加浓硫酸时,要边加边摇,以免局部碳化。

(4)分水器中应预先加入一定量的水,在分水器上用笔做一标记,在反应过程中,生成的水由分水器放出,但水面需要保持在标记处。由生成的水量判断反应进行的程度。反应进行完全时应观察不到有水带出的浑浊现象。最后记下生成水的量,与计算所得到的理论产量比较。

(5)在反应刚开始时,一定要控制好升温速度。要在 80 ℃加热 15 min 后再开始加热回流,以防乙酸过早地蒸出,影响产率。

(6)用 10% Na_2CO_3 洗涤时,因为有 CO_2 气体放出,所以要注意放气,同时洗涤时摇动不要太厉害,否则会使溶液乳化不易分层。

(7)pH 试纸使用时要放在表面皿中,且只需要几张即可。

(8)蒸馏装置必须干燥,仪器在烘箱中或气流烘干器上烘干,分液和干燥产物之前应先把仪器洗干净放入烘箱中干燥后再使用。

七、思考题

(1)本实验是根据什么原理来提高乙酸正丁酯的产率的?

(2)粗产品中含有哪些杂质?如何将它们除去?

(3)哪些物质可以作为酯化催化剂起到催化作用?

(4)加入浓硫酸后,如果不充分振摇,将对反应有何影响?

八、微量制备

在干燥的 5 mL 圆底烧瓶中,加入 1.68 mL 冰醋酸和 2.76 mL 正丁醇,并用滴管滴入一滴浓 H_2SO_4,混合混匀,加 1 粒沸石。安装微型蒸馏头作为分水器,在其收集阱中加入适量的水,水面稍低于阱的边沿,不能溢流回反应瓶中,沙浴上加热反应,回流一段时间(30～40 min)后,不再生成水(冷凝管回流下来的液体不含水珠),停止加热,冷却。在回流过程中微型蒸馏头收集阱中水溢流回反应器时,可通过止口的橡皮塞用注射器抽出一些水,保持阱内水不溢流回反应瓶。

将反应液及微型蒸馏头中的液体一起转移到小分液漏斗中,分去水层,油层一次用等体积水、10% Na_2CO_3 溶液和水洗涤;有机层转入干燥的小锥形瓶,用无水可硫酸镁干燥。

将干燥后的乙酸正丁酯倒入干燥的 5 mL 蒸馏烧瓶中,加入 1 粒沸石,装上微型蒸馏头蒸馏,收集 124～126 ℃的馏分。

实验二十三　阿司匹林的制备(半微量法)

一、实验目的

(1)学习利用酚类的酰化反应制备乙酰水杨酸的原理和制备方法。

(2)熟练掌握重结晶、减压过滤、洗涤、干燥、熔点测定等基本实验操作。

二、实验原理

阿司匹林(学名乙酰水杨酸)为白色针状或片状晶体,能溶解于温水之中,口服后在肠内开始分解为水杨酸,有退热止痛作用。

通常由水杨酸和醋酐在浓硫酸催化下酰化制取乙酰水杨酸。

主反应:

$$\underset{OH}{\overset{COOH}{\bigcirc}} + (CH_3CO)_2O \xrightarrow{H_2SO_4} \underset{OCOCH_3}{\overset{COOH}{\bigcirc}} + CH_3COOH$$

副反应: $n\ \underset{}{\overset{HO\ \ COOH}{\bigcirc}} \xrightarrow{H_2SO_4} *\left[O-\underset{O}{\overset{O}{C}}-O-\underset{O}{\overset{O}{C}}-O-\underset{O}{\overset{O}{C}}-O\right]_m* + (n-1)H_2O$

水杨酸具有酚羟基,能与三氯化铁试剂呈现颜色反应,此性质可作为阿司匹林的纯度检验。

三、仪器与试剂

仪器:100 mL 锥形瓶(干燥)、量筒(10 mL、100 mL、干燥)、100 ℃温度计、短颈漏斗、减压过滤装置、水浴锅、电炉、试管。

试剂:浓硫酸、95％乙醇、固体水杨酸、醋酐、三氯化铁溶液、饱和碳酸钠溶液、浓盐酸。

四、实验步骤

1. 乙酰水杨酸的制备

在 100 mL 锥形瓶里加入 2.0 g 水杨酸和 4.0 mL 醋酐,摇匀;向混合物中加入 3 滴浓硫酸搅匀,反应开始时会放热。若锥形瓶不变热,再向混合物中加 1 滴浓硫酸。当感觉到热效应时,将反应混合物放到 50 ℃的水浴中加热 5～10 min,使其反应完全。冷却锥形瓶并加入 40 mL 水,搅拌混合物至有固体生成并很好地分散在整个液体中,抽滤,并用少量冷水冲洗,抽干得粗乙酰水杨酸。

2. 粗品的重结晶

将粗制的乙酰水杨酸放入锥形瓶中,再加入 3～4 mL 95％乙醇于水浴上加热片刻,若仍未溶解完全,可再补加适量乙醇使其溶解,趁热过滤,在滤液中加入 2.5 倍(约 8～10 mL的热水),冷却后析出白色结晶;减压过滤,抽干,称重,计算产率,进行如下实验以检验产品纯度。

在一支试管中放入少许乙酰水杨酸,加水溶解,滴入 1 滴三氯化铁溶液。结果如何?

用水杨酸重做此实验,结果如何?

实验流程如下:

水杨酸 醋酐 浓H$_2$SO$_4$

↓ 水浴 50 ℃ 5～10 min

反应液

↓ 冷却后加水

↓ 抽滤

↓ 水洗

滤液　　　　　　　　滤饼
　　　　　　　　　乙酰水杨酸粗品

↓ 95%乙醇重结晶

乙酰水杨酸纯品

五、注意事项

(1)水杨酸应当是完全干燥的,可在烘箱中 105 ℃下干燥 1 h。

(2)乙酸酐应当是新蒸的,收集 139～140 ℃的馏分。

(3)水杨酸形成分子内氢键,阻碍酚羟基酰化作用。

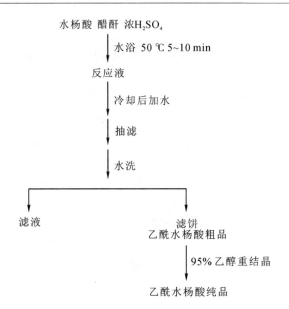

水杨酸

水杨酸与酸酐直接作用须加热至150～160 ℃才能生成乙酰水杨酸,如果加入浓硫酸(或磷酸),氢键被破坏,酰化作用可在较低温度下进行,同时副产物大大减少。

(4)反应温度不宜过高,否则将增加副产物的生成,如水杨酰水杨酸酯、乙酰水杨酸酯。

(5)重结晶时,其溶液不应加热过大,也不宜用高沸点溶剂,因为这样乙酰水杨酸将部分分解。乙酰水杨酸易受热分解,它的分解温度为128～135 ℃,熔点为 136 ℃。

(6)重结晶时加入乙醇的量应恰好使沉淀溶解,若乙醇过量则很难析出结晶。

六、思考题

(1)进行酰化反应时所用的水杨酸和玻璃器材都必须是干燥的,为什么?

(2)本实验能否用稀硫酸作催化剂? 为什么?

(3)乙酰水杨酸重结晶时,应当注意什么? 为什么?

(4)本实验为什么不能在回流下长时间反应?

(5)反应后加水的目的是什么?

(6)第一步结晶的粗产品中可能含有哪些杂质?

实验二十四 甲基橙的制备

一、实验目的

(1)学习重氮化反应和偶合反应的实验操作。

(2)掌握冰盐浴使用方法,巩固盐析、重结晶操作。

二、实验原理

甲基橙:

$$NaO_3S-\bigcirc-N=N-\bigcirc-N\begin{smallmatrix}CH_3\\CH_3\end{smallmatrix}$$

甲基橙是酸碱指示剂,它是由对氨基苯磺酸重氮盐与 N,N-二甲基苯胺的醋酸盐,在弱酸性介质中偶合得到的。偶合首先得到的是亮红色的酸式甲基橙,称为酸性黄,在碱中酸性黄转变为橙黄色的钠盐,即甲基橙。

重氮盐的制备:

$$HO_3S-\bigcirc-NH_2 \xrightarrow{NaOH} {}^{\ominus}O_3S-\bigcirc-NH_2 \xrightarrow[0\sim5\,\text{℃}]{NaNO_2,\ HCl} {}^{\ominus}O_3S-\bigcirc-N\equiv N$$

偶联反应:

$$^{\ominus}O_3S-\bigcirc-N\overset{\oplus}{=}N \underset{HOAc}{} \diagdown N\begin{smallmatrix}CH_3\\CH_3\end{smallmatrix} \longrightarrow {}^{\ominus}O_3S-\bigcirc-N=N-\bigcirc-\overset{\oplus}{N}\begin{smallmatrix}CH_3\\CH_3\\H\end{smallmatrix} \xrightarrow{质子迁移}$$

$$^{\ominus}O_3S-\bigcirc-\overset{\oplus}{N}=N-\bigcirc-N\begin{smallmatrix}CH_3\\CH_3\end{smallmatrix} \xrightarrow{NaOH} NaO_3S-\bigcirc-N=N-\bigcirc-N\begin{smallmatrix}CH_3\\CH_3\end{smallmatrix}$$
$$\underset{H}{}$$
酸性黄 (亮红色)

三、仪器与试剂

仪器:100 mL 烧杯、试管、吸滤瓶、布氏漏斗。

试剂:对氨基苯磺酸(两个结晶水)、5%氢氧化钠溶液、10%氢氧化钠、亚硝酸钠、浓盐酸、碘化钾-淀粉试纸、N,N-二甲基苯胺、冰乙酸、饱和氯化钠、乙醇、乙醚、尿素。

四、实验装置

甲基橙的制备反应装置图如图 3-3 所示。

图 3-3 甲基橙的制备反应装置图

五、实验步骤

1. 重氮盐的制备

在 100 mL 烧杯中放置对氨基苯磺酸晶体 2.1 g(0.01 mol)，加入 5% 氢氧化钠溶液 10 mL，热水浴温热溶解后用冰水浴冷至室温；另将 0.8 g 亚硝酸钠(0.011 mol)溶于 6 mL 水，加入上述溶液中，用冰水浴冷至 0~5 ℃；再将由 3 mL 浓盐酸和 10 mL 水配成的溶液慢慢滴入其中，边滴加边搅拌，控制温度在 0~5 ℃之间，很快有对氨基苯磺酸重氮盐的细粒状白色沉淀析出。滴完后用碘化钾-淀粉试纸检验，试纸应为蓝色，继续在冰浴中搅拌 15 min 使反应完全。

2. 偶合

将新蒸馏的 N,N-二甲基苯胺 1.2 g 和 1 mL 冰乙酸在试管中混匀，慢慢滴加到上述制得的重氮盐的冷的悬浊液中，同时剧烈搅拌，甲基橙呈红色沉淀析出；滴完后继续在冰浴中搅拌 10 min 使其偶合完全；向反应物中加入 10% 氢氧化钠溶液并搅拌，直至对石蕊试纸显碱性(约需 13~15 mL)，甲基橙粗品由红色转变为橙色。

将反应混合物加热至生成的甲基橙晶体基本溶解，冷至室温后再以冰水浴冷却。待结晶完全后，抽滤、收集晶体，用少量饱和的氯化钠冷水洗涤，再依次用少量乙醇和少量乙醚洗涤，压干，得粗品。

若要得到纯品，可用溶有少量氢氧化钠的沸水(每克粗产物约需 25 mL)进行重结晶，得橙红色片状晶体。

溶解少许产品于水中，加几滴稀盐酸，然后用稀氢氧化钠溶液中和，观察颜色变化。

实验流程如下：

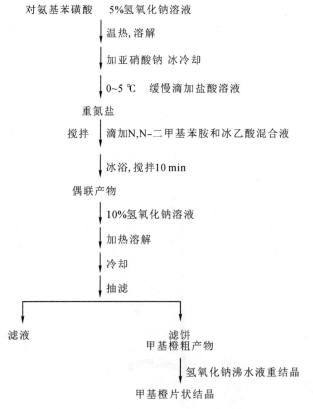

六、注意事项

(1)加入亚硝酸钠时,若搅拌多时仍有白色晶体,可用温水浴使之溶解。亚硝酸钠用量不可过多,否则过量的亚硝酸钠会引起副反应发生。

(2)也可将混合液加到水和盐酸混合液中,须保持温度在 5 ℃ 以下,否则生成的重氮盐易水解生成酚类,而降低产率。

(3)偶合后加热反应物时,注意用 200 mL 左右的烧杯,以免蒸气把反应物冲出来。

(4)在偶联反应步骤中,用石蕊试纸检查以确保反应混合物为碱性,否则产品色泽不佳。当反应混合物已经达碱性时,若再滴加碱液,则碱液接触反应物表面时将不再产生黄色,此亦可作为判据之一。

(5)在碱性条件下,湿润的甲基橙在较高温度下或受光照射颜色很快变深,所以在制备过程中,自偶合完成以后的各步操作均应尽可能地迅速。收集晶体时依次用少量乙醇和乙醚洗涤以加速晶体的干燥。如需烘干,亦应控制温度不超过 70 ℃。所得产品是一种钠盐无固定熔点,不必测定。

七、思考题

(1)若制备重氮盐时温度超过 5 ℃,会有什么影响?

(2)盐酸在反应中起什么作用?

(3)碘化钾-淀粉试纸的检测原理是什么?写出反应方程式。

(4)重氮化反应时,为什么先加碱,再加酸?

实验二十五　聚乙烯醇缩甲醛外墙涂料的制备

一、实验目的

(1)了解涂料的基本组成与配制过程。

(2)掌握聚乙烯醇缩甲醛外墙涂料的制备方法和实验技术。

二、实验原理

涂料一般由不挥发成分(成膜物质)和挥发成分(稀释剂)两部分组成。涂在物件表面后,涂料的挥发成分逐渐挥发逸去,留下不挥发成分干燥成膜。成膜物质又分为主要成膜物质、次要成膜物质和辅助成膜物质三类。主要成膜物质可以单独成膜,也可以黏结颜料等物质共同成膜,所以也称黏结剂,它是涂料的基础,因此常称为基料、漆料和漆基。涂料的次要成膜物质包括颜料和体质颜料,辅助成膜物质包括各种助剂。

建筑物的外墙要经历风吹、日晒、雨淋和温度的起伏变化,许多涂料经受不起这种考验,发生褪色、开裂和脱落。外墙涂料在耐候性、附着力和硬度等方面的性能比内墙涂料有着更高的要求。

本实验以聚合度约 1700 的聚乙烯醇为主要原料,在盐酸的催化作用下与甲醛反应,生成聚乙烯醇缩甲醛(107 胶)。

$$—CH_2—CH—CH_2—CH— + HCHO \xrightarrow{HCl} —CH_2—CH—CH_2—CH—$$
$$\quad\quad\quad |\quad\quad\quad\quad |\quad\quad\quad\quad\quad\quad\quad\quad\quad\quad |\quad\quad\quad\quad |$$
$$\quad\quad\quad OH\quad\quad\quad OH\quad\quad\quad\quad\quad\quad\quad\quad OCH_2OH\quad OH$$

分子内缩醛　　　　　　　　分子间（或链段间）缩醛

由于聚乙烯醇分子中只有一小部分羟基参加缩醛反应，仍存在着大量的自由羟基，同时部分羟基的缩醛化，破坏了聚乙烯醇分子的规整结构，使生成的这种 107 胶仍具有较好的水溶性。

以 107 胶为主体，加入填料、颜料、消泡剂和防沉淀剂等物料，经充分混合和研磨分散，就称为聚乙烯醇缩甲醛外墙涂料。将其涂装在墙面上，待水分挥发后，由于聚乙烯醇缩甲醛分子的羟基间的氢键作用力，以及羟基与填料等物质的极性间的作用力，使 107 胶能与填料、颜料及其他成分牢固地黏附在墙面上，起保护和装饰作用。

三、仪器与试剂

仪器：水浴锅、电动搅拌器、搅拌棒、500 mL 三口烧瓶、100 mL 滴液漏斗、500 mL 烧杯。

试剂：36％甲醛、聚乙烯醇（聚合度 1700）、37％盐酸、氢氧化钠、钛白粉、立德粉、滑石粉、轻质碳酸钙。

四、实验装置

聚乙烯醇缩甲醛的制备反应装置图如图 3-4 所示。

图 3-4　聚乙烯醇缩甲醛的制备反应装置图

五、实验步骤

1.聚乙烯醇缩甲醛(107 胶)溶液的制备

在装有电动搅拌、滴液漏斗、温度计的三口圆底烧瓶中，加入 200 mL 水，搅拌下加入

15 g 聚乙烯醇。加热升温至 80~90 ℃,搅拌至完全溶解。加入浓盐酸,调溶液 pH 值至 2,保持温度在 90 ℃左右,在 15~20 min 内滴入 5 g 36%的甲醛,在该温度下继续搅拌反应 5~10 min。温度降至 60 ℃,滴加 30%NaOH 溶液,调节反应液的 pH 值至 7.0~7.5,停止对溶液的加热,即得聚乙醇缩甲醛溶液(107 胶)。

2. 107 胶外墙涂料

将以上制得的 107 胶倾入 500 mL 烧杯中,搅拌下依次加入 10 g 钛白粉、8 g 立德粉、10 g 滑石粉、50 g 轻质碳酸钙和适量的无机颜料,搅拌均匀,必要时加少量水调节稠度,即得到聚乙烯醇缩甲醛外墙涂料。

实验流程如下:

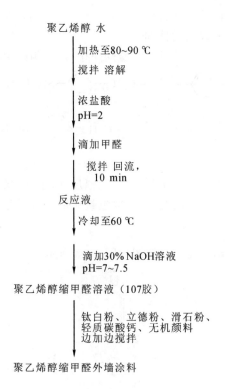

聚乙烯醇 水

加热至80~90 ℃

搅拌 溶解

浓盐酸
pH=2

滴加甲醛

搅拌 回流,
10 min

反应液

冷却至60 ℃

滴加30%NaOH溶液
pH=7~7.5

聚乙烯醇缩甲醛溶液（107胶）

钛白粉、立德粉、滑石粉、
轻质碳酸钙、无机颜料
边加边搅拌

聚乙烯醇缩甲醛外墙涂料

六、注意事项

(1)甲醛是无色、具有强烈刺激性气味的气体,其 35%～40%的水溶液通常称为福尔马林。甲醛是原浆毒物,能与蛋白质结合,吸入高浓度甲醛后,会出现呼吸道的严重刺激和水肿,皮肤直接接触甲醛,可引起皮炎、色斑、皮肤坏死等。实验中注意勿吸入甲醛蒸气、与皮肤接触。

(2)由于缩醛化反应的程度较低,107 胶中尚有未反应的甲醛,产物往往有甲醛的刺激性气味。反应结束后 107 胶的 pH 值调至弱碱性,有以下作用:可防止分子链间氢键含量过大,体系黏度过高;缩醛基团在碱性条件下较稳定。

七、思考题

(1)试讨论缩醛反应的机理及催化剂作用?

(2)为什么缩醛度增加,水溶性下降,当达到一定的缩醛度之后产物完全不溶于水?

实验二十六　十二烷基苯磺酸钠表面活性剂的制备

一、实验目的

（1）掌握十二烷基苯磺酸钠的制备原理和方法。

（2）掌握搅拌、回流等基本操作。

二、实验原理

十二烷基苯磺酸钠大量用于生产各种洗涤剂和乳化剂，可适量配用于香波等化妆品，也用于纺织工业、电镀工业、造纸工业等。

十二烷基苯磺酸钠为白色浆状物或粉末，具有去污、湿润、发泡乳化等性能，其钠盐呈中性，能溶于水，是一种阴离子表面活性剂。

十二烷基苯磺酸钠是由十二烷基苯与硫酸磺化后，再用碱中和制得，其反应式如下：

$$C_{12}H_{25}-\!\!\left\langle\bigcirc\right\rangle\!\!\xrightarrow{\ H_2SO_4\ } C_{12}H_{25}-\!\!\left\langle\bigcirc\right\rangle\!\!-SO_3H\ +\ H_2O$$

$$C_{12}H_{25}-\!\!\left\langle\bigcirc\right\rangle\!\!-SO_3H\xrightarrow{\ NaOH\ } C_{12}H_{25}-\!\!\left\langle\bigcirc\right\rangle\!\!-SO_3Na\ +\ H_2O$$

三、仪器与试剂

仪器：磁力搅拌器、冷凝管、100 mL 三口瓶、温度计、量筒、滴管、分液漏斗等。

试剂：十二烷基苯、98％的浓硫酸、10％的氢氧化钠、pH 试纸、氯化钠。

四、实验装置

十二烷基苯磺酸钠的制备反应装置图如图 3-5 所示。

图 3-5　十二烷基苯磺酸钠的制备反应装置图

五、实验步骤

1. 磺化

在装有冷凝管、滴液漏斗、温度计、磁力搅拌器的 100 mL 干燥的三颈瓶中，加入十二烷基苯 12 mL（11.6 g），搅拌下缓慢滴加 98％的浓硫酸 12 mL，控制加样温度不超过 40 ℃，加料完毕后逐渐升温至 65 ℃，反应 2 h。

2. 分酸

将上述磺化混合液降温到 40～50 ℃，缓慢滴加适量水（约 5 mL），倒入分液漏斗中，静置，分层，放掉下层（无机相），保留上层（有机相）。注意：分离酸温度不可过低，否则易使分液漏斗被无机盐堵塞,造成分离酸困难。

3. 中和

在搅拌下,将浓度为 10％的氢氧化钠溶液缓慢滴加到上述有机相,控制温度为 40～50 ℃,调节有机相 pH＝7～8（大约需要氢氧化钠溶液 15 mL）。

4. 盐析

在上述反应体系中,加入少量氯化钠,可得到白色膏状物。

实验流程如下:

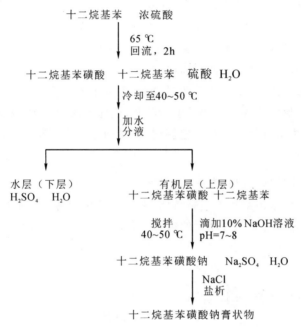

六、注意事项

(1)分离酸温度不可过低,否则易使分液漏斗被无机盐堵塞,造成分离无机酸困难。

(2)中和时应控制有机相 pH＝7～8。

七、思考题

(1)磺化反应的影响因素有哪些?

(2)十二烷基苯磺酸钠可用于哪些产品配方?

(3)加入少量氯化钠的目的是什么?

实验二十七　免水洗手膏的制备

一、实验目的

学习免水洗手膏的配制方法,并了解其配方组分的作用及其应用。

二、实验原理

有不少行业的操作者的手会接触到油污,这些油污用肥皂是难以洗干净的。有的操作需要在野外进行,往往缺水甚至无水,或者是处于严寒的环境中,去除满手的油污就更成问题。有些操作者常用汽油等溶剂洗手,但容易造成皮肤脱脂和干裂。免水洗手膏为膏状洗涤剂,涂于手上经揉擦片刻,直接用布或柔质纸擦拭即可将手上的油污清除干净,不需要再经水洗,十分省事。清洁后手上不留有异味,可留护肤成分,防止皮肤干裂,适合于从事机械维修的工人、司机和其他沾上油污者使用,对旅行者也十分方便、实用。

　　洗手膏组成的原料与洗衣粉或液体洗涤剂类似,是一个多组分的混合物,所用各种物料基本上可以分为表面活性剂物质(肥皂、合成表面活性剂)、电解质(硅酸钠、碳酸钠、氯化钠、硫酸钠、焦磷酸钠、硼砂)、有机大分子物质(如 CMC)。它们在膏体中所起到的作用各不相同,一般认为膏体的结构主要是成膏助剂(如羧甲基纤维素),它在水溶液中形成网状结构,这种网状结构对膏体的稳定性很关键,能牢固地结合一部分水溶液,同时包含大量的自由水。在网状结构的空腔内,由包覆水及无机电解质等固体物料作为形成网状体的骨架。这些无机电解质也能吸附一部分水,使膏体稳定。

　　本膏剂由油相和水组成,主要成分为硅酸铝镁,用作胶黏剂、增稠剂;失水山梨醇单硬脂酸酯,用作乳化剂;聚氧乙烯山梨醇单硬脂酸脂,用作表面活性剂、洗涤剂;脱臭煤油,用作去油污剂;羧甲基纤维素,用作分散剂、增稠剂、胶黏剂 ;对羟基苯甲酸甲酯,用作防腐剂。

三、仪器与试剂

　　仪器:磁力加热搅拌器、烧杯、温度计、量筒、天平等。

　　试剂:硅酸铝镁、失水山梨醇单硬脂酸酯、聚氧乙烯山梨醇单硬脂酸酯、脱臭煤油(一般煤油经活性炭、分子筛等过滤剂过滤后的煤油)、羧甲基纤维素、对羟基苯甲酸甲酯、香精、自来水。

四、原料配方

　　该实验原料配方详见表 3-1。

表 3-1　原料配方

原料	质量百分比/%
硅酸铝镁	2.5
失水山梨醇单硬脂酸酯	2.0
聚氧乙烯山梨醇单硬脂酸酯	8.0
脱臭煤油	35.0
羧甲基纤维素	0.5
对羟基苯甲酸酯	0.2
香精	0.3
自来水	51.5

五、实验步骤

　　(1)将硅酸铝镁、对羟基苯甲酸甲酯溶于配方 1/2 的水量中,加热至 62 ℃,搅拌混匀待用。

（2）将失水山梨醇单硬脂酸酯、聚氧乙烯山梨醇单硬脂酸酯、脱臭煤油混合，搅拌均匀，并加热到 60 ℃。

（3）将步骤 1 制得溶液加入步骤 2 制得的溶液中，边搅拌边加入，慢慢冷却。

（4）另将 1/4 的水量加热到 90 ℃，慢慢加入羧甲基纤维素，搅拌使其分散在水中后，再将剩余的 1/4 水量加入，冷却后，再加入步骤（3）制得的混合液和香精。搅拌均匀，装入软管或广口容器中即为产品。

（5）应用实验：挤出本品 3～5 g 涂于有油污的手上，擦遍全手数次，然后用布或柔质纸擦拭，可将油污除去。用过的布用清水冲洗干净。

六、思考题

（1）配方中各组分的作用是什么？

（2）什么时候停止反应？

实验二十八　透明皂的制备

一、实验目的

（1）了解透明皂的性能、特点和用途。

（2）熟悉配方中各原料的作用。

（3）掌握透明皂的配制操作技巧。

二、基本原理

透明皂以牛羊油、椰子油、麻油等含不饱和脂肪酸较多的油脂为原料。与氢氧化钠溶液发生皂化反应。反应式如下：

$$\begin{array}{c} CH_2OOCR_1 \\ | \\ CH_2OOCR_2+3NaOH \longrightarrow CH_2OH+R_1COONa+R_2COONa+R_3COONa \\ | \\ CH_2OOCR_3 \end{array} \quad \begin{array}{c} CH_2OH \\ | \\ CH_2OH \\ | \\ CH_2OH \end{array}$$

反应后不用盐析，将生成的甘油留在体系中增加透明度；然后加入乙醇、蔗糖作透明剂，并加入结晶阻化剂，有效提高透明度，这样可制得透明、光滑的透明皂。

三、仪器与试剂

仪器：250 mL 烧杯、漏斗。

试剂：95％乙醇、30％NaOH 溶液、结晶阻化剂、牛油、椰子油、蓖麻油、甘油、蔗糖、蒸馏水、香精。

四、实验步骤

（1）用托盘天平称取 30％NaOH 溶液 20 g、结晶阻化剂 2 g，量取 95％乙醇 6 mL，三者于 250 mL 烧杯中混匀备用。

（2）在 500 mL 烧杯中依次加入牛油 13 g、椰子油 13 g，放入 75 ℃热水浴混合融化，如有杂质，应用漏斗配加热过滤套趁热过滤，保持油脂澄清；然后加入蓖麻油 10 g（长时间加热易使颜色变深），混溶。快速将步骤 1 烧杯中物料加入步骤 2 烧杯中，匀速搅拌 1.5 h，完成皂化反应（取少许样品溶解在蒸馏水中呈清晰状）；停止加热。

（3）另取一个 50 mL 烧杯，加入甘油 3.5 g、蔗糖 10 mg、蒸馏水 10 mL，搅拌均匀，预热至 80 ℃，呈透明状，备用。

（4）将步骤（3）中的物料加入反应完的步骤 2 烧杯，搅匀，降温至 60℃，加入香精，继续搅匀后，出料，倒入冷水冷却的冷模或大烧杯中，迅速凝固，得透明、光滑的透明皂。

五、注意事项

（1）蓖麻油以及一些不饱和度较高的油脂，过热会使色泽变深，因此不宜与其他油脂一起投入，而是在加入碱液前加入。

（2）皂化不完全时，制成的皂基不能透明，且影响洗涤效果，但皂基中的碱不能过量太多。因此应控制皂基的 pH 值在 10 左右。

（3）控制乙醇的挥发。乙醇与皂基的比例应适中，皂基的量太多，会变得不透明，乙醇太多，则制得的透明皂太软，不耐使用。

（4）加入甘油和蔗糖的目的是增加透明皂的透明度。

（5）刚做好的透明皂太软，且遇水极易溶解，因此需要放置一个星期左右蒸发表面的水与乙醇。蒸发过程中最好要覆盖织物。

六、思考题

（1）为什么制备透明皂不用盐析，反而加入甘油？

（2）为什么蓖麻油不与其他油脂一起加入，而在加碱前才加入？

（3）制备透明皂时，若油脂不干净怎样处理？

3.4　天然有机化合物的提取

实验二十九　黄连素的提取（微量法）

一、实验目的

（1）学习从中草药提取生物碱的原理和方法。

（2）熟悉固液提取的装置及方法。

二、实验原理

黄连素（也称为小檗碱），属于生物碱，是中草药黄连的主要有效成分，黄连中黄连素含量可达 4%～10%。除了黄连中含有黄连素以外，黄柏、白屈菜、伏牛花、三颗针等中草药中也含有黄连素，其中以黄连和黄柏中含量最高。

黄连素有抗菌、消炎、止泻的功效。对急性菌痢、急性肠炎、百日咳、猩红热等各种急性化脓性感染和各种急性外眼炎症都有效果。

黄连素是黄色针状体，微溶于水和乙醇，较易溶于热水和热乙醇中，几乎不溶于乙醚。黄连素的盐酸盐、氢碘酸盐、硫酸盐、硝酸盐均难溶于冷水，易溶于热水，故可用水对其进行重结晶，从而达到纯化的目的。

黄连素在自然界多以季铵碱的形式存在。结构如下：

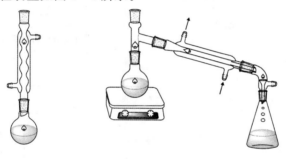

从黄连中提取黄连素,往往采用适当的溶剂(如乙醇、水、硫酸等)提取,然后浓缩,再加酸进行酸化,得到相应的盐。粗产品可以采取重结晶等方法进一步提纯。

黄连素被硝酸等氧化剂氧化,转变为樱红色的氧化黄连素。黄连素在强碱中部分转化为醛式黄连素,在此条件下,再加入几滴丙酮,即可发生缩合反应,生成丙酮与醛式黄连素缩合产物的黄色沉淀。

三、仪器与试剂

仪器:圆底烧瓶、球形冷凝管、直形冷凝管、锥形瓶、蒸馏头、接尾管。

试剂:黄连、95%乙醇、1%醋酸、浓盐酸。

四、实验装置

黄连素提取的实验装置如图 3-6 所示。

图 3-6 黄连素提取装置图

三、实验步骤

1. 黄连素的提取

称取 2 g 中药黄连切碎、磨烂,放入 50 mL 圆底烧瓶中,加入 20 mL 乙醇,装上回流冷凝管,加热回流 0.5 h,冷却,静置,抽滤。滤渣重复上述操作处理两次,合并三次所得滤液,蒸出乙醇(回收),直到出现棕红色糖浆状。

2. 黄连素的纯化

(1)浓缩液里加入 1% 的醋酸 4 mL,加热溶解后趁热抽滤去掉固体杂质,在滤液中滴加浓盐酸,至溶液混浊为止(约需 2 mL)。

(2)用冰水冷却上述溶液,降至室温下以后即有黄色针状的黄连素盐酸盐析出,抽滤,所得结晶用冰水洗涤两次,可得黄连素盐酸盐的粗产品。

(3)精制:将粗产品(未干燥)放入 25 mL 烧杯中,加入 6 mL 水,加热至沸,搅拌沸腾几分钟;趁热抽滤,滤液用盐酸调节 pH 值为 2~3,室温下放置几小时,有较多橙黄色结晶析出后抽滤,滤饼用少量冷水洗涤两次,烘干即得成品。

实验流程如下：

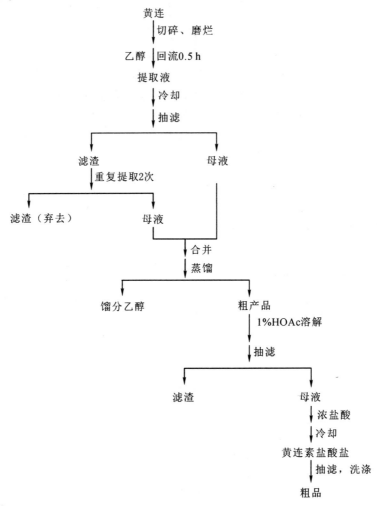

产品检验：

(1)取盐酸黄连素少许，加浓硫酸 2 mL，溶解后加几滴浓硝酸，即呈樱红色溶液。

(2)取盐酸黄连素约 50 mg，加蒸馏水 5mL，缓缓加热，溶解后加 20％氢氧化钠溶液 2 滴，显橙色，冷却后过滤，滤液加丙酮 4 滴，即产生浑浊。放置后生成黄色的丙酮黄连素沉淀。

六、注意事项

(1)本实验也可用索式提取器连续提取。

(2)得到纯净的黄连素晶体比较困难。将黄连素盐酸盐加热水至刚好溶解，煮沸，用石灰乳调节 pH 值为 8.5～9.8，冷却后滤去杂质，滤液继续冷却到室温以下，即有针状体的黄连素析出，抽滤，将结晶在 50～60 ℃下干燥，熔点为 145 ℃。

七、思考题

(1)黄连素是哪种生物碱类的化合物？

(2)实验中为什么要用石灰乳来调节 pH 值，用强碱氢氧化钾(钠)行不行？为什么？

实验三十　八角茴香油的提取

一、实验目的

（1）通过提取和鉴定八角茴香中的挥发油，学会利用挥发油含量测定器测定和提取药材中挥发油的操作方法。

（2）能对挥发油中的化学成分进行薄层点滴定性检识及单向二次色谱检识。

二、基本原理

八角茴香油为木兰科植物八角茴香干燥成熟的果实，含挥发油约 5%，其主要成分是茴香脑，约占挥发油的 80%～90%，另外，还含有少量甲基胡椒酚、茴香醛、茴香酸等。

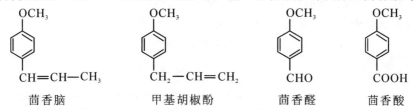

| 茴香脑 | 甲基胡椒酚 | 茴香醛 | 茴香酸 |

根据挥发油的挥发性，能随水蒸气蒸馏的性质，利用水蒸气蒸馏法提取挥发油。本实验采用挥发油含量测定器提取挥发油。

挥发油的成分复杂，常含有烷烃、烯烃、醇、酚、醚、醛、酮、酸等化合物。因此，可选择适宜的检识试剂在薄层板上进行点滴试验，从而了解组成挥发油的成分。

茴香脑为白色结晶，熔点为 21.4 ℃，溶于苯、醋酸乙酯、丙酮、二硫化碳及石油醚，几乎不溶于水。

三、仪器与试剂

仪器：精油提取器、1000 mL 蒸馏烧瓶、蒸馏头、尾接管、试管、温度计、球形冷凝管、离心机、注射器。

试剂：干八角茴香、蒸馏水。

四、实验装置

提取八角茴香油的装置如图 3-7 所示。

图 3-7　水蒸气蒸馏法提取八角茴香油的装置图

五、实验步骤

1. 提取

称取干八角茴香 50 g，置于挥发油含量测定器烧瓶中，加入适量水，连接挥发油测定器与回流冷凝管；自冷凝管上端加水使充满挥发油测定器的刻度部分，并至水溢流入烧瓶时为止；缓慢加热至沸；至测定器中油量不再增加，停止加热，放置冷却，分取油层，计算得率。

2. 鉴定

(1)油斑试验。取适量八角茴香油，滴于滤纸上，常温观察油斑是否消失。

(2)色谱点滴反应。取硅胶 G 薄层板 1 块，用铅笔按表 3-1 画线。被检查挥发油用 95％乙醇稀释 5～10 倍，然后用毛细管分别滴加于各挥发油样品斑点上，观察颜色变化。初步推测每种挥发油中可能含有化学成分的类型。

表 3-1　挥发油色谱点滴反应

样品	试剂			
	$FeCl_3$	2,4-二硝基苯肼	$OH^-/KMnO_4$	香草醛-浓硫酸试验
八角茴香油				
柠檬油				
丁香油				
薄荷油				
樟脑油				
桉叶油				

(3)挥发油单向二次展开薄层色谱：取硅胶 G 薄层板 1 块，在距离边 1.5 cm 和 8 cm 处分加用铅笔画出起始线和中线。将 2～3 种挥发油点在起始线上，先在石油醚：醋酸乙酯（体积比 85：15）展开剂中展开至薄层板中线时取出，挥去展开剂，再放入石油醚中展开，至接近薄层板顶端时取出，挥发去展开剂，用香草醛-浓硫酸显色剂显色，观察斑点的数量、位置及颜色，推测每种挥发油中可能含有的化学成分的数量。

五、注意事项

(1)采用挥发油含量测定器提取挥发油，可以初步了解该药材中挥发油的含量，但所用的药材量应使蒸出的挥发油量不少于 0.5 mL 为宜。

(2)用挥发油测定器提取挥发油，以测定器刻度管中的油量不再增加作为判断是否提取完全的标准。

六、思考题

(1)用挥发油含量测定器提取挥发油应注意什么问题？

(2)挥发油的单向二次展开时，为什么先用石油醚与醋酸乙酯的混合溶剂进行第一次展开，再用石油醚进行第二次展开？

实验三十一 槐米中芦丁的提取

一、实验目的

(1)掌握提取和精制芦丁的操作方法。

(2)练习趁热过滤和抽滤操作。

二、实验原理

芦丁是黄酮醇化合物槲皮素的芸香糖苷,是一种从植物中提取的黄酮类化合物,存在于芸香、苦荞麦、槐树蕾、楸树叶、番茄茎、叶及籽壳等内。在豆科植物槐的花蕾槐米中,含量可达 20%以上,是我国医药工业提取芦丁的主要原料。芦丁可用作食用抗氧化剂和营养增强剂等,可调节毛细管壁渗透性,可止血,可治吐血、便血等,并可作为治疗高血压的辅助药物。

芦丁结构中含有多个酚羟基,呈现酸性,甙元为槲皮素,糖基为芸香糖。芦丁为浅黄色细小针状结晶,含三分子结晶水,熔点为 176～178 ℃,不含结晶水熔点为 188 ℃。溶于热水、甲醇、乙醇,微溶于乙酸乙酯、丙酮,不溶于苯、氯仿、石油醚等。

芦丁的结构

本实验用槐米作原料提取芦丁。芦丁可溶于碱液中呈现黄色,酸化后又析出,故可采用碱提酸沉法得到芦丁粗品;然后利用芦丁在冷水中不溶,在热水中微溶的溶解度差精制,可获得纯度高的微细针状结晶,最后利用芦丁、槲皮素及糖的性质予以鉴定。在分析中草药制剂中黄酮类化合物含量时,常用芦丁作标准品。

三、仪器及试剂

仪器:研钵、烧杯、锥形瓶、抽滤装置。

试剂:槐米、饱和石灰水、15%HCl。

四、实验步骤

1.芦丁的提取

称取槐米 10 g,在研钵中稍加研碎后,置于 500 mL 烧杯中,加入饱和石灰水溶液 100 mL,搅拌下加热煮沸 20 min,趁热抽滤,滤渣再提取一次,趁热过滤,合并滤液。用 15%HCl 调节其 pH 值为 5。静置 1～2 h,使其沉淀完全,抽滤,用少量冷蒸馏水洗 2～3 次,抽干,即得芦丁粗品。

2. 芦丁的精制

取芦丁粗品 2 g 转入烧杯中,加入适量蒸馏水(350 mL 左右),加热至沸,添加适量蒸馏水,使之刚好溶解完全,趁热抽滤静置过夜,使结晶析出。抽滤,用少量冷水洗涤 2 次,在 70～80 ℃ 干燥,即得精制芦丁,称重计算芦丁产率。

实验流程如下:

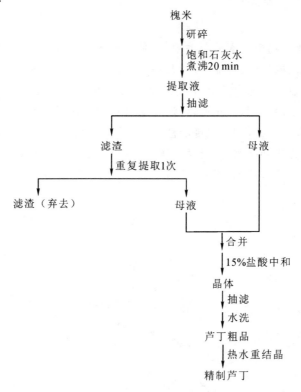

五、注意事项

(1)在研钵中研碎或用机械粉碎槐米时不宜过细,以免妨碍后续过滤。

(2)碱液提取时,溶液的 pH 值不宜过高,以免破坏黄酮分子结构;酸化沉淀时,pH 值不宜过低,以免沉淀重新溶解而降低产率。

(3)在提取过程中,加入硼酸,可与溶液中黄酮类化合物络合,以防止芦丁分子被破坏,从而提高产率。

六、思考题

(1)如果已知在木兰花蕾、七叶树花蕾、烟叶、梧桐叶、茶叶等材料中也含有芦丁成分,请问如何从中提取芦丁?

(2)从药用植物中如何提取酚性化合物? 精制有哪些方法?

实验三十二　茶叶中咖啡因的提取

一、实验目的

(1)学习生物碱的提取方法。

(2)了解咖啡因的性质。

(3)学习提取器的作用和使用方法。

二、实验原理

咖啡因具有刺激心脏、兴奋大脑神经和利尿等作用,因此,可用作中枢神经兴奋药,它也是复方阿司匹林(APC)等药物的组分之一。

咖啡因是一种生物碱,其结构式为:

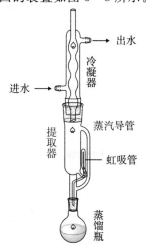

咖啡因(1, 3, 7-三甲基-2, 6-二氧嘌呤)

咖啡因易溶于氯仿(12.5%)、水(2%)及乙醇(2%)等溶剂中。含结晶水的咖啡因为无色针状晶体,在 100 ℃时即失去结晶水,并开始升华,在 120 ℃时升华明显,178 ℃时升华更快。

茶叶中含有咖啡因,约占 1%～5%,另外还含有 11%～12% 的丹宁酸(鞣酸),0.6% 的色素、纤维素、蛋白质等。为了提取茶叶中的咖啡因,可用适当的溶剂(如乙醇等)在索氏提取器中连续萃取,然后蒸去溶剂,即得粗咖啡因。粗咖啡因中还含有一些其他生物碱和杂质(如单宁酸)等,可利用升华法进一步提纯。

索氏提取器的工作原理:利用溶剂回流与虹吸原理,使固体物质每次都能被纯的溶剂所萃取,从而提高萃取效率。

三、仪器与试剂

仪器:索氏提取器、蒸发皿、短径漏斗、平底烧瓶、冷凝管(直形、球形各 1 支)、蒸馏头、接引管。

试剂:茶叶、95%乙醇、生石灰。

四、实验装置

索氏提取器提取茶叶中咖啡因的装置如图 3-8 所示。

图 3-8　茶叶中咖啡因提取的装置图

五、实验步骤

1. 粗提

(1)仪器安装:按图 3-8 所示安装实验装置图。

(2)连续萃取:称取 10 g 茶叶,研细,用滤纸包好,放入索氏提取器的套筒中,用75 mL 95%乙醇水浴加热连续萃取 2~3 h。

(3)蒸馏浓缩:待刚好发生虹吸后,把装置改为蒸馏装置,蒸出大部分乙醇。

(4)加碱中和:趁热将残余物倾入蒸发皿中,拌入 3~4 g 生石灰,使成糊状。蒸气浴加热,不断搅拌下蒸干。

(5)焙炒除水:将蒸发皿放在石棉网上,压碎块状物,小火焙炒,除尽水分。

2. 纯化

(1)仪器安装:安装升华装置。用滤纸罩在蒸发皿上,并在滤纸上扎一些小孔,再罩上口径合适的玻璃漏斗。

(2)初次升华:220 ℃砂浴升华,刮下咖啡因。

(3)再次升华:残渣经拌和后升高砂浴温度升华,合并咖啡因。

(4)检验:称重后测定熔点。纯净咖啡因熔点为 234.5 ℃。

实验流程如下:

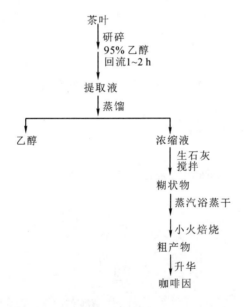

六、注意事项

(1)索氏提取器是利用溶剂回流和虹吸原理,使固体物质连续不断地为纯溶剂所萃取的仪器。溶剂沸腾时,其蒸气通过侧管上升,被冷凝管冷凝成液体,滴入套筒中,浸润固体物质,使之溶于溶剂中,当套筒内溶剂液面超过虹吸管的最高处时,即发生虹吸,流入烧瓶中。通过反复的回流和虹吸,从而将固体物质富集在烧瓶中。索氏提取器为配套仪器,其任一部件损坏将会导致整套仪器的报废,特别是虹吸管极易折断,所以在安装仪器和实验过程中须特别小心。

(2)用滤纸包茶叶末时要严实,防止茶叶末漏出堵塞虹吸管;滤纸包大小要合适,既能紧贴套管内壁,又能方便取放,且其高度不能超出虹吸管高度。

(3)若套筒内萃取液色浅,即可停止萃取。

(4)浓缩萃取液时不可蒸得太干,以防转移损失。否则因残液很黏而难于转移,造成损失。

(5)拌入生石灰要均匀,生石灰的作用除吸水外,还可中和除去部分酸性杂质(如鞣酸)。

(6)升华过程中要控制好温度。若温度太低,升华速度较慢,若温度太高,会使产物发黄(分解)。

(7)刮下咖啡因时要小心操作,防止混入杂质。

七、思考题

(1)本实验中生石灰的作用是什么?

(2)除可用乙醇萃取咖啡因外,还可使用哪些溶剂萃取?

实验三十三　果皮中果胶的提取及果冻的制备

一、实验目的

(1)掌握提取果胶的基本技能和方法。

(2)进一步了解果胶的相关知识。

(3)学习果冻的制备方法。

二、实验原理

果胶物质广泛存在于植物中,主要分布于细胞壁之间的中胶层,尤其以果蔬中含量为多。不同的果蔬含果胶物质的量不同,山楂约为 6.6%,柑橘约为 $0.7\% \sim 1.5\%$,南瓜含量较多,约为 $7\% \sim 17\%$。果胶的基本结构是以 α-1,4 甙键连结的聚半乳糖醛酸,其中部分羧基被甲酯化,其余的羧基与钾、钠、钙离子结合成盐,其结构式如下:

在果蔬中,尤其是在未成熟的水果和果皮中,果胶多数以原果胶存在,原果胶不溶于水,用酸水解,生成可溶性果胶,再进行脱色、沉淀、干燥即得商品果胶。从柑橘皮中提取的果胶是高酯化度的果胶,在食品工业中常用来制作果酱、果冻等食品。

三、仪器与试剂

材料:橘皮、市售果胶。

仪器:天平、烘箱、抽滤器、电炉、恒温水浴锅、烧杯、精密 pH 试纸。

试剂:浓盐酸、6 mol/L 氨水、95%乙醇、蔗糖、柠檬酸、柠檬酸钠、活性炭、硅藻土、尼龙布或纱布。

四、实验步骤

1. 果胶的提取

(1)原料预处理:称取新鲜柑橘皮 40 g 用清水洗净后,放入 500 mL 烧杯中,加水

250 mL,加热至 90 ℃保持 5～10 min,使酶失活。用水冲洗后切成 3～5 mm 大小的颗粒,用50 ℃左右的热水漂洗,直至水为无色、果皮无异味为止。每次漂洗必须把果皮用尼龙布挤干,再进行下一次漂洗。

(2)酸水解提取:将预处理过的果皮粒放入烧杯中,加入 60 mL 水,再加入 1～2 mL 浓盐酸,浸没果皮,pH 值调整至 2.0～2.5,加热至 90 ℃煮 20～45 min,趁热用尼龙布(100目)或四层纱布过滤。

(3)脱色:在滤液中加入少量活性炭,于 80 ℃加热 10～20 min 进行脱色和除异味,趁热抽滤,如抽滤困难可加入 4％～6％的硅藻土作助滤剂。如果柑橘皮漂洗干净,提取液为清澈透明,则不用脱色。

(4)沉淀:待抽滤液冷却后,用 6 mol/L 氨水调节 pH 值至 3～4,在不断搅拌下加入95％乙醇,加入乙醇的量约为原体积的 1.3 倍,使酒精浓度达 50％～60％(可用酒精计测定),静置 10 min。

(5)过滤、洗涤、烘干:用尼龙布过滤,果胶用 95％乙醇洗涤两次,再在 60～70 ℃烘干,包装即为产品。滤液可用蒸馏法回收乙醇。

实验流程如下:

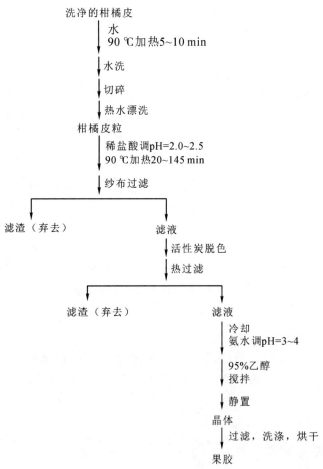

2. 柠檬味果冻的制备

(1)将制备的果胶 0.4 g(干品)浸泡于 40 mL 水中,软化后在搅拌下慢慢加热至果胶全部溶化。

(2)加入柠檬酸 0.2 g,柠檬酸钠 0.2 g 和蔗糖 14‰~28‰,在搅拌下加热至沸,继续熬煮 5 min,冷却后即成果冻。

(3)比较两种果胶形成凝胶态的速度,果冻的色泽、风味、组织形态、杂质、弹性和强度的相对变化。

五、注意事项

(1)脱色中如抽滤困难可加入 2‰~4‰ 的硅藻土作助滤剂。

(2)湿果胶用无水乙醇洗涤,可进行 2 次。

(3)滤液可用分馏法回收酒精。

(4)如果能在实验操作的第一步清洗时彻底除去可溶性色素和不良风味,就可不必进行第三步的脱色和去除异味,这是因为果胶在第二步转入溶液后,溶液的黏度很大,活性炭的脱色和脱臭效力不能很好发挥,而且过滤困难。

(5)果冻从制作后的冷却开始到完全形成稳定的胶冻需要较长时间,通常可在两小时内观察到凝胶态基本形成,但如比较果冻的弹性和强度,通常可在制作的第二天来进行。

六、思考题

(1)从橘皮中提取果胶时,为什么要加热使酶失活?

(2)沉淀果胶除用乙醇外,还可用什么试剂?

(3)在工业上,可用什么果蔬原料提取果胶?

(4)如何提高分离果胶的产率和质量?

3.5　综合性实验

实验三十四　植物生长调节剂 2,4-二氯苯氧乙酸的合成

一、实验目的

(1)掌握 2,4-二氯苯氧乙酸的制备。

(2)了解各种氯化反应的原理及操作方法。

(3)练习多步合成操作。

二、实验原理

2,4-二氯苯氧乙酸即 2,4 - D(除莠剂、植物生长调节剂,通常以钠盐铵盐的粉剂或酯类乳剂液剂、油膏等使用)合成路线主要有两条:

一是苯酚先氯化,再与氯乙酸在碱性条件下作用而成。

二是以苯酚和氯乙酸先作用，然后再氯化而成。

本实验采取第二种路线，先缩合后通过浓盐酸加过氧化氢和用次氯酸钠在酸性介质中氯化，避免了直接使用氯气带来的危险和不便。

三、仪器与试剂

仪器：烧杯、三口瓶、磁力搅拌器、温度计、球形回流管、滴液漏斗、布氏漏斗、抽滤瓶、锥形瓶、分液漏斗。

试剂：氯乙酸、苯酚、饱和碳酸钠溶液、30%氢氧化钠溶液、浓盐酸、冰醋酸、33%过氧化氢、氯化铁、5%次氯酸钠溶液、10%碳酸钠溶液、6 mol/L 盐酸、刚果红试纸。

四、实验步骤

1. 苯氧乙酸的制备

(1)成盐。在 100 mL 三口烧瓶中加入 2.85 g(0.03 mol)氯乙酸和 3 mL 水，搅拌溶解，搅拌下，加入 9 mL 饱和碳酸钠溶液，检验 pH 值(约为 7～8)。制备装置图如图 3-9 所示。

图 3-9　制备苯氧乙酸的反应装置图

(2)取代。取 2.1 g(0.022 mol)苯酚溶于 30%氢氧化钠溶液中，直到 pH 值约为 12，将酚钠溶液转入氯乙酸钠溶液中，并用少量水洗涤容器，保持 pH 值约为 11～12。装上回流冷凝装置，搅拌下加热至近沸态反应 30 min，测量 pH 值，若低于 8，补加几滴氢氧化钠溶液使其保持碱性，再反应 5 min。

(3)酸化沉淀。冰浴中冷却，使反应体系降温至室温以下后，加浓盐酸酸化到 pH 值为 3～4，继续冷却使结晶完全析出。抽滤，冷水洗结晶 2～3 次，干燥、称重、计算收率。

粗产品可不经纯化直接用于制备对氯苯氧乙酸，也可以在水中重结晶后使用。纯苯氧乙酸熔点 99℃，为无色片状或针状结晶，可作防腐剂。

2.对氯苯氧乙酸的制备

取 2 g 苯氧乙酸、6.5 mL 冰醋酸于三口瓶中,安装温度计、回流管和滴液漏斗,开动磁力搅拌并水浴加热(如图 3-10 所示)。当内温达到 45 ℃,加入 0.01 g 氯化铁和 6.5 mL 浓盐酸。继续升温至 60 ℃时缓缓滴加 2 mL33%过氧化氢(观察内温变化);加毕,在 70 ℃下保温 20 min(若有结晶可适当升温使溶解);冷却,结晶,抽滤,用适量水洗涤结晶三次;粗品用 1∶3 的乙醇-水重结晶,计算收率,用于制备 2,4-二氯苯氧乙酸。

图 3-10 制备对氯苯氧乙酸的反应装置图

对氯苯氧乙酸为无色针状结晶,熔点为 159 ℃,微溶于水,溶于乙醇、乙醚等。对氯苯氧乙酸是一个常用的植物生长调节剂,俗称"防落素",可以减少农作物或瓜果蔬菜的落花落果,有明显的增产作用。

3.2,4-二氯苯氧乙酸(2,4-D)的制备

在 100 mL 锥形瓶中加 1 g 对氯苯氧乙酸,12 mL 冰醋酸,搅拌使溶解。用冰浴冷却至 20 ℃以下,搅拌下慢慢滴加 19 mL5%次氯酸钠溶液;加毕,使体系自然升至室温保持 5 min,加入 50 mL 水;将反应液用 6 mol/L 盐酸酸化至刚果红试纸变蓝;转入分液漏斗用 2×25 mL 乙醚提取,弃去水层(水层在下层);醚层用 15 mL 水洗涤;再将 15 mL10%碳酸钠溶液小心地倒入醚中,轻轻摇后(注意放气),静止分层;回收醚层,水层用浓盐酸酸化至刚果红试纸变蓝,冷却,抽滤,水洗两次,干燥,计算收率,测定熔点(粗品可用四氯化碳重结晶)。

五、注意事项

(1)防止氯乙酸水解成羟乙酸,加入饱和碳酸钠使氯乙酸变成氯乙酸钠,加入速度要慢,若碱浓度过大,对反应不利,氯乙酸钠会发生碱性水解。

(2)制苯氧乙酸时用沸水浴加热,加热期间 pH 值可能会下降。

(3)加浓盐酸析出苯氧乙酸时 pH 值不能过高,否则产量降低。

(4)滴加 H_2O_2 宜慢,严格控温,让生成的 Cl_2 充分参与亲核取代反应。Cl_2 有刺激性,特别是对眼睛、呼吸道和肺部器官。应注意操作勿使其逸出,并注意开窗通风。

(5)严格控制温度、pH 值和试剂用量是 2,4-D 制备实验的关键。NaOCl 用量勿多,反应保持在室温以下。

(6)刚果红试纸是由刚果红溶液浸泡而成。刚果红呈粉红色粉末状,能溶于水和酒精,微溶于丙酮,几乎不溶于乙醚,遇酸呈蓝色。它不仅用作染料,也用作指示剂。刚果红是酸性指示剂,pH 值的变色范围为 3.5~5.2。

六、思考题

(1)说明本实验中各步反应调节 pH 值的目的和意义。

(2)以苯氧乙酸为原料,如何制备对溴苯氧乙酸? 能用本法制备对碘苯氧乙酸吗? 为什么?

实验三十五　聚己内酰胺(尼龙-6)的合成

一、实验目的

(1)了解聚合物合成的基本原理。

(2)初步掌握聚合物的合成方法。

二、实验原理

聚合物是由许多重复单元组成的高相对分子质量化合物。除了天然聚合物(淀粉、纤维素、蛋白质及天然橡胶)之外,人类已经合成了许多人造聚合物。所谓"三大合成材料"——合成塑料、合成纤维与合成橡胶,已经涉及我们日常生活的各个方面及工农业生产、军事、航天及科学研究等许多领域,对人类的文明产生了深远的影响。

聚酰胺通常称为尼龙,其结构为含酰胺基团(—CONH—)的线性高分子化合物。本实验利用已合成的己内酰胺开环聚合生成聚己内酰胺(尼龙-6)。

$$
\underset{\text{（己内酰胺）}}{\overset{H}{\underset{N}{\bigcirc}}\!\!=\!\!O} \xrightleftharpoons{H_2O} HO-\overset{O}{\overset{\|}{C}}-(CH_2)_5NH_2 \xrightleftharpoons{} HO-\overset{O}{\overset{\|}{C}}-(CH_2)_5NH-\overset{O}{\overset{\|}{C}}-(CH_2)_5NH_2
$$

$$
\xrightleftharpoons{n-1} HO\left[\overset{O}{\overset{\|}{C}}-(CH_2)_5NH\right]_n H
$$

聚合反应的催化剂,除了常用的水之外,还有有机酸碱或金属钠、锂等。采用不同的催化剂,聚合机理不同,从而聚合速度和所得的聚合物也不相同。用水作催化剂时,通常得到相对分子量为 $10^4 \sim 4 \times 10^4$ 的线型高聚物,其两端分别为氨基和羧基。

内酰胺具有不稳定的七元环结构,因此在高温和催化剂作用下,可以开环聚合成线性高分子。己内酰胺由肟经 Beckmann 重排反应得到。

$$
\bigcirc\!\!=\!\!O + NH_2OH \longrightarrow \overset{N^{-OH}}{\bigcirc} + H_2O
$$

$$
\xrightarrow{85\% H_2SO_4} \left[\ \ \right] \xrightarrow{20\% NH_3 \cdot H_2O} \overset{H}{\underset{N}{\bigcirc}}\!\!=\!\!O
$$

脂肪酮和芳香酮都可以和羟胺作用生成肟。肟受酸性催化剂如硫酸或五氯化磷等作用,发生分子重排生成酰胺的反应,称之为 Beckmann 重排反应。

三、仪器与试剂

仪器:圆底烧瓶、烧杯、温度计、蒸馏装置、抽滤装置、厚壁硬质玻璃封管、聚合炉、氮气钢瓶。

试剂:环己醇、重铬酸钠、浓硫酸、乙醚、精盐、无水硫酸镁,环己酮(自制)、盐酸羟胺盐、结晶醋酸钠、环己酮肟(自制)、85%硫酸溶液、氨水、己内酰胺(自制)、蒸馏水。

四、实验步骤

1. 环己酮的制备

在 300 mL 烧杯中,溶解 10.5 g 重铬酸钠于 60 mL 水中,然后在搅拌下,慢慢加入 9 mL 浓硫酸,得到橙红色溶液,冷却至 30 ℃以下备用。

在 250 mL 圆底烧瓶中,加入 10.5 mL 环己醇,然后一次加入上述制备好的铬酸溶液,振摇使充分混合;放入一温度计,测量反应初始温度,并观察温度变化情况。当温度上升至 55 ℃时,立即用水浴冷却,保持反应温度在 55～60 ℃。约半小时后,温度开始下降,移去水浴再放置半小时以上。期间不时振摇,使反应完全,反应液呈墨绿色。

在反应瓶中加入 60 mL 水和几粒沸石,改成蒸馏装置;将环己酮与水一同蒸出,直至馏出液不再混浊后再多蒸 15～20 mL,约收集 50 mL 馏出液;馏出液用精盐饱和(约 12 g),转入分液漏斗,静置后分出有机层;水层用 15 mL 乙醚提取一次,合并有机层及提取液,用无水碳酸钾干燥,在水浴上蒸去乙醚后,蒸馏收集 151～155 ℃的馏分。

2. 环己酮肟的制备

在 250 mL 锥形瓶中,将 9.8 g 羟胺盐酸盐及 14 g 结晶醋酸钠溶于 30 mL 水中,温热此溶液至 35～40 ℃。每次 2 mL 分批加入 10.5 mL 环己酮,边加边振荡,此时即有固体析出。加完后,用橡皮塞塞紧瓶口,激烈振荡 2～3 min,环己酮肟呈白色粉状结晶析出。冷却后,抽滤并用少量水洗涤。抽干后在滤纸上进一步压干。干燥后环己酮肟为白色晶体。

3. 己内酰胺的制备

在 1000 mL 烧杯中,放置 10 g 环己酮肟及 20 mL 85% H_2SO_4,旋动烧杯使二者很好混溶。在烧杯中放置一支 250 ℃温度计,缓慢加热。当开始有气泡时(约 120 ℃),立即移去热源,此时发生强烈的放热反应,温度很快自行上升至 160℃,反应在几秒钟内完成。稍冷后,将此溶液倒入 250 mL 三颈瓶中,并用冰盐浴冷却。在三颈瓶上分别装置搅拌器、温度计及滴液漏斗。当溶液温度下降至 0～5 ℃时,在搅拌下小心滴入 20%氨水。控制溶液温度在 20℃以下,以免己内酰胺在温度较高时发生水解,直至溶液恰对石蕊试纸呈碱性(通常需要 60 mL 20%氨水,约 1 h 加完)。

粗产物倒入分液漏斗中,分出水层,油层转入 25 mL 克氏烧瓶,用油泵进行减压蒸馏。收集 127～133 ℃/0.93 kPa(7 mmHg)、137～140 ℃/1.6 kPa(12 mmHg)、140～144 ℃/1.86 kPa(14 mmHg)的馏分。馏出物在接受瓶中固化成无色结晶,己内酰胺易吸潮,应储存于密闭容器中。

4. 聚己内酰胺的制备

在一封管中加入 3 g 己内酰胺,再用滴管加入单体质量 1‰ 的蒸馏水。用纯氮置换封管中的空气,封闭管口。加上保护套后放入聚合炉,于 250 ℃ 加热约 5 h。反应后期应得到极黏稠的熔融物。将封管从聚合炉内取出,任其自然冷却,管内熔融物即凝成固体,再打开封管,取出聚合物称重。

在实验室中常使用金属制的高压釜进行高压反应。但在小量操作中(如小于 50 mL 液体或几十克固体),更常用厚壁硬质玻璃封管。厚壁硬质玻璃封管称作 Carius 管或聚合管等,要求管壁厚薄均匀,无结疤、裂纹等缺陷。使用操作方法如下:

(1)清洗。封管在使用前,需经碱洗、水洗和蒸馏水洗涤,并在烘箱中烘干。

(2)装料。常温下是气体的原料,可直接把浸在冷冻剂中的封管与原料容器相连接,或用蒸馏的方法加料,借封管上事先做好的记号计算体积来确定投料量(也可用称重法)。至于液体或固体的原料,可以用长颈漏斗加料,不使药品污染封管的颈部,以免熔封时碳化影响封管的质量。

(3)脱气(或使用保护气体)。为了避免空气和湿气对反应的影响,往往在封管封闭前要做脱气或用惰性气体如纯氮置换管中的空气。对于极易挥发的原料,应让封管浸在冷冻剂中,接上三通活塞。三通活塞的另两个通路,一个接真空泵,另一个接保护气体瓶,轮番抽空和置换保护气体数次。关闭活塞,然后进行封闭。

(4)封闭。调节煤气喷灯,先用大而温度不高的黄色火焰加热封管的颈部,并转动封管使受热均匀。至刚呈钠的黄色火焰时,开大喷灯的空气阀,用高温的氧化焰把颈部端软化熔融,最后粘在一起,慢慢拉去末端。封闭这一动作不能快,否则封闭的尖端处太薄不安全可靠。然后再调小喷灯的空气阀,用黄色火焰退火,消除封端玻璃的内应力。慢慢放冷,然后将封管装入防护套中,放入加热炉反应。

(5)起封。封管受热后,因内容物的汽化或膨胀,内压很大,像是一个不安全的炸弹,因此把它从加热炉中取出时应先在防护套中放冷。操作者戴好手套,用有机玻璃保护好身体和面部,然后把封管尖嘴部位抽出防护套。用煤气喷灯高温小尖焰对准封管尖端烧,当玻璃软化时,管中过剩的压力会将管吹破。以后进行一般玻璃工操作。

六、注意事项

(1)环己酮肟应为白色粉末,若环己酮肟呈白色小球状,则表示反应还未完全,须继续振摇。

(2)由于重排反应剧烈进行,故使用大烧杯以利于散热,使反应缓和。环己酮肟的纯度对反应有影响。

(3)己内酰胺的制备中,重排反应后用氨水中和时,开始要加得很慢,因为此时溶液较为黏稠,发热严重,否则温度突然升高,影响收率。

(4)封管操作要注意安全。

(5)己内酰胺也可以用重结晶方法提纯:将粗产物转入分液漏斗,每次用 10 mL 四氯化碳萃取 3 次,合并萃取液,用无水硫酸镁干燥后,滤入一干燥的锥形瓶。加入沸石后,在水浴上蒸去大部分溶剂,到剩下 8 mL 左右为止。小心向溶液中加入石油醚(30~60 ℃),到恰好出现浑浊为止。加热重新溶解后,将锥形瓶置于冰浴中冷却结晶,抽滤,用少量石油醚洗涤晶体。如加入石油醚的量超过原溶液体积的 4～5 倍仍未出现浑浊,说明开始所剩下的四氯化碳的量过多。须加入沸石后重新蒸去大部分溶剂直到剩余很少四氯化碳时,再加入石油醚进行结晶。

七、思考题

(1)在制备环己酮肟时,为什么要加入醋酸钠?

(2)己内酰胺的制备中,重排反应后如果用氨水中和时,反应温度过高,将发生什么反应?

(3)某肟经 Beckmann 重排后得到 $CH_3CONHC_2H_5$,推测该肟的结构。

(4)聚合时为何要通入氮气?

(5)如何用化学方法测定本实验制备的聚己内酰胺的相对分子量?

第四部分 附 录

附录1 常用元素相对原子质量表

元素	符号	相对原子质量	元素	符号	相对原子质量
银	Ag	107.868	钼	Mo	95.94
铝	Al	26.981 5	锰	Mn	54.938
砷	As	74.921 6	氮	N	14.006 7
金	Au	196.966 5	钠	Na	22.989 8
硼	B	10.81	镍	Ni	58.693 4
钡	Ba	137.327	氧	O	15.999 4
铍	Be	9.012	锇	Os	190.23
铋	Bi	208.980	磷	P	30.973 762
溴	Br	79.904	铅	Pb	207.2
碳	C	12.011	钯	Pd	106.42
钙	Ca	40.078	铂	Pt	195.084
镉	Cd	112.411	铷	Rb	85.467 8
铈	Ce	140.116	硫	S	32.065
氯	Cl	35.453	锑	Sb	121.760
钴	Co	58.933	硒	Se	78.96
铬	Cr	51.996	硅	Si	28.085 5
铜	Cu	63.546	锡	Sn	118.710
氟	F	18.998	锶	Sr	87.62
铁	Fe	55.845	碲	Te	127.60
锗	Ge	72.64	钍	Th	232.038 1
氢	H	1.008	钛	Ti	47.867
汞	Hg	200.59	铀	U	238.028 91
碘	I	126.904	钒	V	50.941 5
钾	K	39.098	钨	W	183.84
锂	Li	6.941	锌	Zn	65.409
镁	Mg	24.305	锆	Zr	91.224

附录 2　常用有机溶剂物理系数表

名称	分子式	分子量	密度	熔点/℃	沸点/℃	折光率
甲醇 Methanol	CH_3OH	32.04	0.7914	-97.8	64.96	1.3288
乙醇 Ethanol	C_2H_5OH	46.07	0.789	-114	78.3	1.3611
丙醇 Propanol	C_3H_8O	60.11	0.8035	-126.5	97.4	1.3850
丁醇 Butanol	$C_4H_{10}O$	74.012	0.8098	-89.53	117.8	1.3993
戊醇 Pentanol	$C_5H_{12}O$	88.15	0.8144	-79	137.3	1.4101
丙三醇 Glycerine	$C_3H_8O_3$	92.11	1.2613	20	290 分解	1.4746
异丁醇 Isobutanol	$C_4H_{10}O$	74.012	0.7893(25 ℃)	-108	108	1.3945
异戊醇 Isopentyl	$C_5H_{12}O$	88.15	0.8092	-117.2	128.6	1.4053
苯 Benzene	C_6H_6	78.12	0.879	5.5	80.2	1.5017
甲苯 Toluene	C_7H_8	92.14	0.866	-95	110.6	1.4967
苯酚 Phenol	C_6H_6O	94.11	1.0576	40.8	181.8	1.5425
吡啶 Pyridine	C_5H_5N	79.10	0.9819	-42	115.5	1.5092
环己烷 Cyclohexane	C_6H_{12}	84.17	0.7791	6.5	80.7	1.4290
己烷 Hexane	C_6H_{14}	86.16	0.659	-95	69	1.3748
戊烷 Pentane	C_5H_{12}	72.15	0.626	-130	36	1.358
乙醚 Ethyl ether	$C_4H_{10}O$	74.12	0.7138	-116.2	34.5	1.3520

续表

名称	分子式	分子量	密度	熔点/℃	沸点/℃	折光率
丙酮 Acetone	C_3H_6O	58.08	0.7899	−94.8	56.2	1.3589
甲酸乙酯 Formic acid ethyl	$C_3H_6O_2$	74.08	0.9168	−80.8	54.5	1.3598
乙酸乙酯 Acetic acid ethyl	$C_4H_8O_2$	88.12	0.9003	−83.578	77.06	1.3723
乙酸酐 Acetic anhydride	$C_4H_6O_3$	102.09	1.080	−73.1	140	1.389
乙酸 Acetic acid glacial	$C_2H_4O_2$	60.05	1.0492	16.604	117.9	1.3716
丁酸 Butyric acid	$C_4H_8O_2$	88.12	0.9577	−4.26	163.53	1.3980
戊酸 Valeric acid	$C_5H_{10}O_2$	102.13	0.9391	−33.83	186.05	1.4085
己酸 Hexanoic acid	$C_6H_{12}O_2$	116.16	0.9274	−3	205.4	1.4163
异戊酸 Isovaleric acid	$C_5H_{10}O_2$	102.13	0.9286	−29.3	176.7	1.4033
甲醛 Methanal	CH_2O	30.03	0.815(−20 ℃)	−92	−21	1.3755
乙醛 Ethanal	C_2H_4O	44.05	0.7834(18 ℃)	−210	20.8	1.3316
丙醛 Propanal	C_3H_6O	58.08	0.8058	−81	48.8	1.3636
戊醛 Pentanal	$C_5H_{10}O$	86.14	0.8095	−91.5	103	1.3944
糠醛 Furfural	$C_5H_4O_2$	96.09	1.1594	−38.7	161.7	1.5261

附录 3　二元恒沸混合物的组成和共沸点表

组分名称		沸点/℃			质量百分比/%	
Ⅰ	Ⅱ	Ⅰ	Ⅱ	混合物	Ⅰ	Ⅱ
水	乙醇	100.0	78.4	78.1	4.5	95.5
水	正丙醇	100.0	97.2	87.7	28.3	71.7
水	正丁醇	100.0	117.8	92.4	38.0	62.0
水	异丁醇	100.0	108.0	90.0	33.2	66.8
水	叔丁醇	100.0	82.8	79.9	11.7	88.3
水	正戊醇	100.0	137.8	96.0	54.0	46.0
水	正己醇	100.0	157.9	97.8	75.0	25.0
水	苯甲醇	100.0	205.2	99.9	91.0	9.0
水	糠醇	100.0	169.4	98.5	80.0	20.0
水	苯	100.0	80.2	69.3	8.9	91.1
水	甲苯	100.0	110.8	84.1	19.6	80.4
水	二氯乙烷	100.0	83.7	72.0	8.3	91.7
水	乙醚	100.0	34.5	34.2	1.3	98.7
水	乙酸乙酯	100.0	77.1	70.4	6.1	93.9
水	乙酸正丁酯	100.0	126.2	90.2	28.7	71.3
水	甲酸(最大值)	100.0	100.8	107.3	22.5	77.5
水	乙酸	100.0	118.1	无(no)	无(no)	无(no)
水	吡啶	100.0	115.5	92.6	43.0	57.0
甲醇	乙酸乙酯	64.7	77.1	62.3	44.0	56.0
甲醇	氯仿	64.7	61.1	53.5	12.6	87.4
甲醇	四氯化碳	64.7	76.8	55.7	20.6	79.4
甲醇	甲苯	64.7	110.0	63.8	69.0	31.0
甲醇	丙酮	64.7	56.3	55.7	12.1	87.9

组分名称		沸点/℃			质量百分比/%	
I	II	I	II	混合物	I	II
甲醇	苯	64.7	80.2	58.3	39.6	60.4
甲醇	环己烷	64.7	80.8	54.2	37.2	62.8
乙醇	乙酸乙酯	78.3	77.1	71.8	30.8	69.2
乙醇	氯仿	78.3	61.1	59.4	7.0	93.0
乙醇	正己烷	78.3	68.9	58.7	21.0	79.0
乙醇	四氯化碳	78.3	76.8	65.1	15.8	84.2
乙醇	甲苯	78.3	110.8	76.7	68.0	32.0
乙醇	苯	78.3	80.2	68.2	32.4	67.6
异丙醇	氯仿	82.5	61.1	60.8	4.2	95.8
异丙醇	甲苯	82.5	110.8	81.3	79.0	21.0
异丙醇	苯	82.5	80.2	71.9	33.3	66.7
正丙醇	四氯化碳	97.2	76.8	73.1	11.5	88.5
正丙醇	甲苯	97.2	110.8	92.4	52.5	47.5
正丙醇	苯	97.2	80.2	77.1	16.9	83.1
正丁醇	四氯化碳	117.8	76.8	76.6	2.5	97.5
正丁醇	甲苯	117.8	110.8	105.7	27.0	73.0
乙二醇	甲苯	197.4	110.8	110.2	6.5	93.5
甲酸	氯仿	100.8	61.2	59.2	15.0	85.0
甲酸	正己烷	100.8	68.9	60.6	28.0	72.0
甲酸	四氯化碳	100.8	76.8	66.7	18.5	81.5
甲酸	甲苯	100.8	110.8	85.8	50.0	50.0
甲酸	苯	100.8	80.2	71.7	31.0	69.0
乙酸	四氯化碳	118.5	76.8	76.6	3.0	97.0
乙酸	甲苯	118.5	110.8	105.0	34.0	66.0

附录4　常用酸、碱溶液的浓度与相对密度表

1. 盐酸

质量分数/%	相对密度	质量浓度/(g/L)	物质的量浓度/(mol/L)	质量分数/%	相对密度	质量浓度/(g/L)	物质的量浓度/(mol/L)
1	1.0031	10	0.275	22	1.1083	243.8	6.686
2	1.0081	20.2	0.553	24	1.1185	268.4	7.361
4	1.0179	40.7	1.116	26	1.1288	293.5	8.047
6	1.0278	61.7	1.691	28	1.1391	318.9	8.745
8	1.0377	83.0	2.276	30	1.1492	344.8	9.454
10	1.0476	104.8	2.872	32	1.1594	371.0	10.173
12	1.0576	126.9	3.480	34	1.1693	397.6	10.901
14	1.0676	149.5	4.098	36	1.1791	424.5	11.639
16	1.0777	172.4	4.728	38	1.1886	451.7	12.385
18	1.0878	195.8	5.369	40	1.1977	479.1	13.137
20	1.0980	219.6	6.022				

2. 硫酸

质量分数/%	相对密度	质量浓度/(g/L)	物质的量浓度/(mol/L)	质量分数/%	相对密度	质量浓度/(g/L)	物质的量浓度/(mol/L)
1	1.0049	10	0.102	70	1.6105	1127.4	11.495
2	1.0116	20.2	0.206	80	1.7272	1381.8	14.088
3	1.0183	30.6	0.311	90	1.8144	1633.0	16.650
4	1.0250	41.0	0.418	91	1.8195	1656.0	16.895
5	1.0318	51.6	0.526	92	1.8240	1678.1	17.110
10	1.0661	106.6	1.087	93	1.8279	1702.0	17.346
15	1.1020	165.3	1.685	94	1.8312	1721.3	17.550
20	1.1398	228.0	2.324	95	1.8337	1742.0	17.776
25	1.1783	294.6	3.006	96	1.8355	1762.1	17.966
30	1.2191	365.7	3.729	97	1.8364	1781.0	18.177
40	1.3028	521.1	5.313	98	1.8361	1799.4	18.346
50	1.3952	735.8	7.502	99	1.8342	1816.0	18.529
60	1.4987	899.2	9.168	100	1.8305	1830.5	18.663

3. 磷酸

质量分数/%	相对密度	质量浓度/(g/L)	物质的量浓度/(mol/L)	质量分数/%	相对密度	质量浓度/(g/L)	物质的量浓度/(mol/L)
1	1.0038	10.0	0.102	22	1.1263	247.8	2.528
2	1.0092	20.2	0.206	24	1.1395	273.5	2.790
4	1.0200	40.8	0.416	26	1.1528	299.7	3.059
6	1.0309	61.9	0.631	28	1.1665	326.6	3.333
8	1.0418	83.3	0.850	30	1.1804	354.1	3.613
10	1.0531	105.3	1.075	32	1.1945	382.2	3.900
12	1.0647	127.8	1.304	34	1.2089	411.0	4.194
14	1.0765	150.7	1.538	36	1.2236	440.5	4.495
16	1.0885	174.2	1.777	38	1.2385	470.6	4.802
18	1.1009	198.2	2.022	40	1.2536	501.4	5.117
20	1.1135	222.7	2.272				

4. 氢氧化钠

质量分数/%	相对密度	质量浓度/g/L	物质的量浓度/(mol/L)	质量分数/%	相对密度	质量浓度/(g/L)	物质的量浓度/(mol/L)
1	1.0095	10.1	0.252	26	1.2848	334.0	8.349
2	1.0207	20.4	0.510	28	1.3064	365.8	9.142
4	1.0428	41.7	1.043	30	1.3279	398.3	9.956
6	1.0648	63.89	1.598	32	1.3490	431.6	10.788
8	1.0869	86.9	2.173	34	1.3696	465.7	11.639
10	1.1089	110.9	2.772	36	1.3900	500.5	12.508
12	1.1309	135.7	3.392	38	1.4101	535.9	13.394
14	1.1530	161.4	4.034	40	1.4300	571.9	14.295
16	1.1751	188.0	4.699	42	1.4494	608.7	15.219
18	1.1971	215.5	5.386	44	1.4685	646.1	16.153
20	1.2192	243.8	6.094	46	1.4873	684.2	17.104
22	1.2412	273.1	6.825	48	1.5065	723.1	18.078
24	1.2631	303.1	7.576	50	1.5253	762.7	19.066

5. 氨水

质量分数/%	相对密度	质量浓度/(g/L)	物质的量浓度/(mol/L)	质量分数/%	相对密度	质量浓度/(g/L)	物质的量浓度/(mol/L)
1	0.9938	9.9	0.584	16	0.9361	149.8	8.795
2	0.9895	19.8	1.162	18	0.9294	167.3	9.823
4	0.9811	39.2	2.304	20	0.9228	184.6	10.838
6	0.9730	58.4	3.428	22	0.9164	201.6	11.839
8	0.9651	77.2	4.534	24	0.9102	218.4	12.827
10	0.9575	95.8	5.623	26	0.9040	235.0	13.802
12	0.9502	114.0	6.695	28	0.8980	251.4	14.764
14	0.9431	132.0	7.753	30	0.8920	267.6	15.713

附录 5　常用的酸和碱的配制

溶液	相对密度	质量分数/%	物质的量浓度 /(mol/L)	配制
浓盐酸	1.19	38	12	
稀盐酸	1.10	20	6	浓盐酸：水＝1：1(体积比)
稀盐酸	1.0	7	2	6 mol/L 盐酸：水＝1：2(体积比)
浓硫酸	1.84	98	18	
稀硫酸	1.18	25	3	浓硫酸：水＝1：5(体积比)
稀硫酸	1.06	9	1	3 mol/L 硫酸：水＝1：2(体积比)
浓硝酸	1.41	68	16	
稀硝酸	1.2	32	6	浓硝酸：水＝8：9(体积比)
稀硝酸	1.1	12	2	6 mol/L 硝酸：水＝3：5(体积比)
冰醋酸	1.05	99.8	17.5	
稀乙酸	1.04	35	6	冰醋酸：水＝27：50(体积比)
稀乙酸	1.02	12	2	6 mol/L 醋酸：水＝1：2(体积比)
浓氨水	0.91	28	15	
稀氨水	0.96	11	6	浓氨水：水＝2：3(体积比)
稀氨水	1.0	3.5	2	6 mol/L 氨水：水＝1：2(体积比)
浓氢氧化钠	1.44	41	14.4	
稀氢氧化钠	1.1	8	2	氢氧化钠 80 g/L
石灰水		0.15	0.02	饱和石灰水澄清液

附录 6　常用有机试剂配制

1. 2,4-二硝基苯肼试剂

（1）取 3 g 2,4-二硝基苯肼溶于 15 mL 浓硫酸中，将此溶液慢慢加入 70 mL95％乙醇中，再加蒸馏水稀释到 90 mL，搅动混合均匀即成橙红色溶液（若有沉淀应过滤）。

（2）将 1.2 g 2,4-二硝基苯肼溶于 50 mL30％高氯酸中。配好后储于棕色瓶中，不易变质。

（1）方法配制的试剂 2,4-二硝基苯肼浓度较大，反应时沉淀多，便于观察。（2）方法配制的试剂，由于高氯酸盐在水中溶解度很大，因此便于检验水溶液中的醛且较稳定，长期贮存不易变质。

2. 饱和亚硫酸氢钠溶液

先配制 40％亚硫酸氢钠水溶液，然后在每 100 mL 的 40％亚硫酸氢钠水溶液中，加入不含醛的无水乙醇 25 mL，溶液呈透明清亮状。如有少量的亚硫酸氢钠结晶析出，必须滤去或倾斜上层清液。

由于亚硫酸氢钠久置后易失去二氧化硫而变质，所以上述溶液也可按下法配制：首先将研细的碳酸钠晶体（$Na_2CO_3 \cdot 10H_2O$）与水混合，水的用量使粉末上只覆盖一薄层水为宜；然后在混合物中通入二氧化硫气体，至碳酸钠近乎完全溶解，或将二氧化硫通入 1 份碳酸钠与 3 份水的混合物中，至碳酸钠全部溶解为止。配制好后密封放置，但不可放置太久，最好是用时新配。

3. 希弗试剂

配制方法有三种：

（1）将 0.2 g 对品红盐酸盐溶于 100 mL 新制的冷却饱和二氧化硫溶液中，放置数小时，直至溶液无色或淡黄色，再用蒸馏水稀释至 200 mL，存于玻璃瓶中，塞紧瓶口，以免二氧化硫逸散。

（2）溶解 0.5 g 对品红盐酸盐于 100 mL 热水中，冷却后通入二氧化硫达饱和，至粉红色消失，加入 0.5 g 活性炭，震荡过滤，再用蒸馏水稀释至 500 mL。

（3）溶解 0.2 g 对品红盐酸盐于 100 mL 热水中，冷却后，加入 2 g 亚硫酸钠和 2 mL 浓盐酸，最后用蒸馏水稀释至 200 mL。

品红溶液原是粉红色，被二氧化硫饱和后变成无色的希弗试剂。醛类与希弗试剂作用后，反应液呈紫红色。

酮类通常不与希弗试剂作用，但是某些酮类（如丙酮等）能与二氧化硫作用，故当它与希弗试剂接触后能使试剂脱去亚硫酸，此时反应液就出现品红的粉红色。

希弗试剂应密封贮存于暗冷处，倘若受热见光或露置空气中过久，试剂中的二氧化硫易失，结果又显桃红色，遇此情况，应再通入二氧化硫，使颜色消失后使用。但应指出，试剂中过量的二氧化硫愈少，反应就愈灵敏。

4. 斐林试剂

斐林试剂由斐林 A 和斐林 B 组成，使用时将两者等体积混合，其配法分别是：

(1)斐林 A。将 3.5 g 含有五结晶水的硫酸铜溶于 100 mL 水中即得淡蓝色的斐林 A 试剂。

(2)斐林 B。将 17 g 五结晶水的酒石酸钾钠溶于 20 mL 热水中,然后加入含有 5 g 氢氧化钠的水溶液 20 mL,稀释至 100 mL 即得无色清亮的斐林 B 试剂。

由于氢氧化铜是沉淀,不易与样品作用,因此,有酒石酸钾钠存在时氢氧化铜沉淀溶解,形成深蓝色的溶液。

5. 本尼迪特试剂

在 400 mL 烧杯中溶解 20 g 柠檬酸钠和 11.5 g 无水碳酸钠于 100 mL 热水中。在不断搅拌下把含 2 g 硫酸铜结晶的 20 mL 水溶液慢慢地加到柠檬酸钠和碳酸钠溶液中。此混合液应十分清澈。否则,需过滤,本尼迪特试剂在放置时不易变质,亦不必像本尼迪特试剂那样制成 A、B 液分别保存,所以,比斐林试剂使用方便。

6. 托伦试剂

加 20 mL 5%硝酸银溶液于一干净试管内,加入 1 滴 10%氢氧化钠溶液,然后滴加 2%氨水,随摇,直至沉淀刚好溶解。

配制托伦试剂时应防止加入过量的氨水,否则,将生成雷酸银($Ag-O=N\equiv C$)。受热后将引起爆炸,试剂本身还将失去灵敏性。

托伦试剂久置后将析出黑色的氮化银(Ag_3N)沉淀,它受震动时分解,发生猛烈爆炸,有时潮湿的氮化银也能引起爆炸。因此托伦试剂必须现用现配。

7. 卢卡斯试剂

将 34 g 无水氯化锌在蒸发皿中强热熔融,稍冷后放在干燥器中冷至室温,取出捣碎,溶于 23 mL 浓盐酸中(相对密度 1.187);配制时须加以搅动,并把容器放在冰水浴中冷却,以防氯化氢逸出;约得 35 mL 溶液,放冷后,存于玻璃瓶中,塞紧。此试剂一般是临用时配制。

8. 酚酞试剂

把 0.1 g 酚酞溶于 100 mL95%乙醇中得无色的酚酞乙醇溶液,本试剂在室温时 pH 值变色范围为 8.2~10。

9. 碘溶液

(1)将 20 g 碘化钾溶于 100 mL 蒸馏水中,然后加入 10 g 研细的碘粉,搅动使其全溶呈深红色溶液。

(2)将 1 g 碘化钾溶于 100 mL 蒸馏水中,然后加入 0.5 g 碘,加热溶解即得红色清亮溶液。

(3)将 2.6 g 碘溶于 50 mL95 %乙醇中,另把 3 g 氯化汞溶于 50 mL95 %乙醇中,两者混合,滤除杂质,直到澄清。

10. 碘化汞钾溶液

把 5%碘化钾水溶液慢慢地加到 2%氯化汞(或硝酸汞)水溶液中,加到初生的红色沉淀刚刚完全溶解为止。

11. 钼酸铵试剂

(1)将 6 g 钼酸铵[$(NH_4)_6MoP_7O_{24} \cdot 4H_2O$]溶于 100 mL 冷水中,加入 35 mL 浓硝酸(相对密度为 1.4)。

(2)将 6 g 钼酸铵溶于 15 mL 蒸馏水中,加 5 mL 浓氨水,另把 24 mL 浓硝酸溶于46 mL 水中,两者混合静置一天后再用。

12. 饱和溴水

溶解 15 g 溴化钾于 100 mL 水中,加入 10 g 溴,振荡即成。

13. 米伦试剂

将 2 g 汞溶于 3 mL 浓硝酸(相对密度为 1.4)中,然后用水稀释到 100 mL。它主要含有汞、硝酸亚汞和硝酸汞,此外还有过量的硝酸和少量的亚硝酸。

14. 1%淀粉溶液

将 1 g 可溶性淀粉溶于 5 mL 冷蒸馏水中,用力搅成稀浆状,然后倒入 94 mL 沸水中,即得近于透明的胶体溶液,放冷使用。

15. 苯肼试剂

(1)将 5 mL 苯肼溶于 50 mL10%醋酸溶液中,加 0.5 g 活性炭。搅拌后过滤,把滤液保存于棕色试剂瓶中,苯肼试剂放置时间过久会失效。苯肼有毒,使用时切勿与皮肤接触。如不慎触及,应用 5%醋酸溶液冲洗,再用肥皂洗涤。

(2)称取 2 g 苯肼盐酸盐和 3 g 醋酸钠混合均匀,于研钵上研磨成粉末即得盐酸苯肼-醋酸钠混合物,取 0.5 g 盐酸苯肼-醋酸钠混合物与糖液作用。苯肼在空气中不稳定,因此,通常用较稳定的苯肼盐酸盐。因为成脎反应必须在弱酸性溶液中进行,使用时必须加入适量的醋酸钠,以缓冲盐酸的酸度,所用醋酸钠不能过多。

(3)将 0.5 mL10%盐酸苯肼溶液和 0.5 mL15%醋酸钠溶液加入 2 mL 的糖液中。

16. 铜氨试剂

将碳酸铜(多以碱性碳酸铜存在)粉末溶于浓氨水中,使其成为饱和溶液,即得深蓝色的铜氨试剂,用其澄清溶液。

17. 0.1%茚三酮乙醇溶液

将 0.1 g 茚三酮溶于 124.9 mL 95%乙醇中,每次用时需要新配。